U0363554

本书系2023年福建省社会科学规划博士扶持项目“绿色发展促进共同富裕的内在机理和实现路径”（FJ2023BF088）的阶段性成果

美丽中国的省域样本：福建生态文明建设的实践与经验

梁飞琴　著

MEILI ZHONGGUO DE SHENGYU YANGBEN: FUJIAN SHENGTAI WENMING JIANSHE DE SHIJIAN YU JINGYAN

图书在版编目（CIP）数据

美丽中国的省域样本：福建生态文明建设的实践与经验/梁飞琴著．—北京：知识产权出版社，2023.12

ISBN 978-7-5130-9062-9

Ⅰ.①美… Ⅱ.①梁… Ⅲ.①生态环境建设—研究—福建 Ⅳ.①X321.257

中国国家版本馆CIP数据核字（2023）第240584号

责任编辑：罗　慧　　**责任校对**：潘凤越
封面设计：乾达文化　　**责任印制**：刘译文

美丽中国的省域样本

福建生态文明建设的实践与经验

梁飞琴　著

出版发行：知识产权出版社有限责任公司	**网　　址**：http：//www.ipph.cn
社　　址：北京市海淀区气象路50号院	**邮　　编**：100081
责编电话：010-82000860转8343	**责编邮箱**：lhy734@126.com
发行电话：010-82000860转8101/8102	**发行传真**：010-82000893/82005070/82000270
印　　刷：三河市国英印务有限公司	**经　　销**：新华书店、各大网上书店及相关专业书店
开　　本：720mm×1000mm　1/16	**印　　张**：14.5
版　　次：2023年12月第1版	**印　　次**：2023年12月第1次印刷
字　　数：216千字	**定　　价**：78.00元

ISBN 978-7-5130-9062-9

目 录

导 论 …… 001

第一章 美丽中国的省域样本：福建生态文明建设的生成逻辑 …… 023

第一节 现实逻辑：福建生态文明建设的时代背景 …… 025
第二节 理论逻辑：福建生态文明建设的理论基础 …… 035
第三节 实践逻辑：福建生态文明建设的实践基础 …… 049

第二章 海上花园样本：厦门生态文明建设 …… 057

第一节 海上花园厦门生态文明建设的相关论述和探索实践 …… 059
第二节 海上花园厦门接续建设生态文明 …… 064
第三节 海上花园厦门生态文明建设的经验启示 …… 073

第三章 绿色山区样本：宁德生态文明建设 …… 083

第一节 绿色山区宁德生态文明建设的相关论述和探索实践 …… 085

第二节 绿色山区宁德接续建设生态文明 ………… 091
第三节 绿色山区宁德生态文明建设的经验启示 ………… 099

第四章 山水城市样本：福州生态文明建设 ………… 107

第一节 山水城市福州生态文明建设的相关论述和探索实践 ………… 109
第二节 山水城市福州接续建设生态文明 ………… 118
第三节 山水城市福州生态文明建设的经验启示 ………… 125

第五章 生态省样本：福建省生态文明建设 ………… 133

第一节 生态省福建生态文明建设的相关论述和探索实践 ………… 135
第二节 福建生态省接续建设生态文明 ………… 143
第三节 福建生态省建设的经验启示 ………… 154

第六章 福建生态文明建设的重大示范意义 ………… 165

第一节 坚持人民性：福建生态文明建设的根本立场 ………… 167
第二节 坚持辩证性：经济发展和环境保护的协同推进 ………… 173
第三节 坚持实践性：以生态环境问题为导向的多维展开 ………… 182
第四节 坚持发展性：福建生态文明建设的前瞻视野 ………… 192

结 语 ………… 205

主要参考文献 ………… 211

导　论

一、选题的缘起

福建是习近平生态文明思想的重要孕育地和先行实践地，福建人民和政府充分发挥福建作为习近平生态文明思想重要孕育地和先行实践地的独特优势，努力走在生态文明建设的前头，在高质量发展中建设美丽福建。福建生态文明建设有其典型意义，是学界重要的关注点。今天福建作为全国生态文明试验区，山更绿了、家更美了、民更富了，已然成为美丽中国的省域样本。在福建工作期间习近平为福建生态文明建设留下了哪些行动遵循和思想指引，福建人民和政府又是如何充分发挥独特优势、独特渊源、独特财富推进生态文明建设，解决哪些客观存在的新旧环境难题，如何摆脱先发展、后治理的发展模式，如何推进体制机制继续创新等，这些都需梳理总结，以更好地推进福建生态文明建设。

本书对福建生态文明建设进行系统研究，在梳理福建生态文明建设生成逻辑基础上对海上花园厦门、绿色山区宁德、山水城市福州、生态省福建的典型样本进行研究，这些典型样本不仅取得示范性的实践成效，而且有着重要的理论示范意义。福建从人民立场出发，辩证认识并处理经济发展和环境保护关系，在以生态环境问题为导向的实践中先行先试而成为美丽中国的省域样本。在福建工作期间，作为地方干部的习近平遵循自然规律、社会发展规律思考人与自然的关系，统筹协调解决经济发展和环境保护矛盾并形成新的生态文明理念，为福建成为美丽中国的省域样本留下了行动遵循和思想指引。福建地方干部一任接着一任干，并按照“机制活、产业优、百姓富、生态美”的要求建设新福建。

本书主要从理论和现实两个层面对福建生态文明建设进行研究，在理论层面主要探索福建生态文明建设的经验启示和理论示范意义，具体回应学界对福建生态文明建设研究系统化、学理化的需要；现实层面是为了回应福建省继续发挥示范效应接续建设美丽福建以及我国在生态文明建设实践中亟待解决现实问题的需要。具体而言，主要是以下几个方面。

第一，回应福建生态文明建设研究系统化的需要。福建是习近平生态文明思想的重要孕育地和先行实践地，在学习贯彻习近平生态文明思想上有着独特渊源、独特优势、独特财富。福建人民按照他的决策部署，遵循他的思想指引，接续建设美丽福建，把生态文明理念融入新福建建设各方面和全过程，创新推出更多可复制、可推广的生态文明建设经验，一个他擘画的“机制活、产业优、百姓富、生态美”新福建正徐徐拉开帷幕。海上花园厦门、绿色山区宁德、山水城市福州、生态福建省建设已经取得一定的实践成效，有其典型意义，需要进行专题系统梳理。

第二，回应福建生态文明建设示范意义研究的需要。实践效应的取得总是源于理论的指导、思想的指引，福建生态文明建设不仅取得示范性的实践效应，而且在理论上存在示范意义，其理论意义既凸显了习近平生态文明思想在福建是怎样进行探索的，也凸显了福建生态文明建设为什么能取得重大的实践成效，充分体现了马克思主义理论特色，这种示范意义需要进行梳理思考探究。为此本书深入研究福建生态文明建设的示范意义，即坚持从人民利益出发的人民性、协同推进经济发展和环境保护的辩证性、以生态问题为导向多维展开的实践性、对生态认识不断深化的发展性。这也是福建生态文明建设成为美丽中国省域样本的重要原因。

第三，回应福建经济发展和环境保护新旧难题的解决之道。在人与自然和谐共生的现代化建设持续高效推进过程中，生态文明建设是推进现代化建设重要的一环，是各级政府工作的重要内容。自 2002 年启动生态省建设，福建省生态建设成效已然呈现，但福建省如何推动高质量发展、处理经济发展和环境保护新旧难题、建设人与自然和谐共生的现代化仍是接下来重要的建设任务。面对复杂的生态环境难题，适逢百年未有之变局，如何结合中国国情、福建省省情开展生态文明建设，建设人与自然和谐共生的现代化，也要求我们对已有的生态文明建设的经验启示和示范意义进行梳理总结，并以此为起点接续建设新福建，推进福建生态文明建设。

第四，回应福建推动体制机制创新建设首个国家生态文明试验区的需要。作为首个国家生态文明试验区，福建省承担着生态文明建设体制机制创新的重任。自 2002 年被列为生态省之后，福建省已经出台一些规章制度推动生态建设，如《关于推进集体林权制度改革的意见》《福建省河长制规定》《福建省重点流域生态补偿办法》《福建省大气污染防治条例》等。福建省“十四五”规划也进一步提出“探索形成更多可复制推广的制度创新成果”等建设目标；提出“持续实施生态省战略，创建美丽中国福建典范……构建生态文明体系，建设美丽中国示范省份”等建设任务。这些建设目标的实现，建设任务的完成，需要从习近平生态文明思想的源头汲取经验，推动试验区生态文明建设体制机制的创新，在高质量发展方面获得示范性成果，如林业改革、碳交易市场的完善。

本研究坚守马克思主义理论研究方向，将理论出发点和理论主线放置在马克思主义生态理论继承与发展的分析框架下，从福建生态文明建设出发，以马克思恩格斯辩证唯物主义作为福建生态文明建设的理论基础，推进福建生态文明建设研究。在梳理福建生态文明建设生成逻辑基础上，挖掘习近平在福建工作期间对福建生态文明建设进行的先行探索、为福建人民留下的独特财富，这也是福建生态文明建设的独特优势。福建省历任干部充分发挥独特渊源、独特优势、独特财富接续进行美丽福建的建设，这些接续不断的建设有其独特的经验启示和示范意义。

二、国内外研究现状及述评

福建省作为习近平生态文明思想的重要孕育地和先行实践地备受学界关注，福建生态文明建设的实践也成为学界关注的重要内容。理论界和政府宣传部门对福建生态文明建设的实践、经验、特色、不足等各个方面进行了一系列探讨，但对福建生态文明建设的实践研究暂无专著，且从省域样本视角系统地对福建生态文明建设的实践与经验进行研究，具代表性的研究成果相对较少。

（一）国内学界代表性的观点

当前国内对福建生态文明建设研究的形式主要分为三种。一是学术论文，如郑少春的《福建省建设生态文明问题的思考》[1]，郑容坤的《论深化集体林权制度改革与生态文明建设——以福建省为研究对象》[2]。杜强、吴志先的《加快建设国家生态文明试验区（福建）的思考》[3] 等。二是学术专著，如刘金龙等的《从生态建设走向生态文明——人文社会视角下的福建长汀经验》对长汀水土治理实践经验进行归纳[4]，林默彪《美丽中国的县域样本——福建长汀生态文明建设的实践与经验》对长汀生态文明建设经验进行梳理。[5] 三是新闻专题报道，福建生态文明建设成效显著，各大主流媒体纷纷对福建生态文明建设进行报道，尤其是对习近平在福建工作期间开展的探索实践及经验进行总结，如厦门同安军营村的蝶变、厦门筼筜湖的治理、长汀水土的治理、莆田木兰溪的治理、龙岩武平林权改革等，这些都为本研究奠定了很好的基础。具体有薛志伟《厦门同安军营村高海拔村美丽蝶变》对厦门同安军营村的绿色实践进行报道[6]，赵永平等的《筼筜湖治理的生态文明实践》对厦门筼筜湖治理的实践进行报道[7]，林爱玲的《莆田治水故事：一溪春水向东流——莆田秉

---

[1] 郑少春．福建省建设生态文明问题的思考［J］．中共福建省委党校学报，2014（6）．

[2] 郑容坤．论深化集体林权制度改革与生态文明建设——以福建省为研究对象［J］．闽南师范大学学报（哲学社会科学版），2017（2）．

[3] 杜强，吴志先．加快建设国家生态文明试验区（福建）的思考［J］．福建论坛（人文社会科学版），2017（6）．

[4] 刘金龙，等．从生态建设走向生态文明——人文社会视角下的福建长汀经验［M］．北京：中国社会科学出版社，2015．

[5] 林默彪．美丽中国的县域样本——福建长汀生态文明建设的实践与经验［M］．北京：社会科学文献出版社，2017．

[6] 薛志伟．厦门同安军营村高海拔村美丽蝶变［N］．经济日报，2019－12－19（13）．

[7] 赵永平，等．筼筜湖治理的生态文明实践［N］．人民日报，2021－06－05（3）．

承木兰溪治水理念持续提升综合治水》对莆田木兰溪治理实践进行报道[1]，高建进的《福州：绿色治理创造生态之美》对福州绿色治理进行宣传报道[2]，刘磊等的《风展红旗如画——全面贯彻新发展理念的三明探索与实践（上）》对三明贯彻新发展理念的实践和经验进行报道[3]，安黎哲等的《长汀经验，“生态兴则文明兴”的生动诠释》对长汀在水土治理中实现绿色发展进行报道[4]，颜珂、钟自炜的《科学规划、系统治理，带动产业发展，福建莆田——木兰溪畔 清波安澜（美丽中国·我们的母亲河①）》对莆田木兰溪的治理成效进行宣传报道[5]。这些宣传报道为本书的研究提供了很好的借鉴。

对福建生态文明建设的研究在具体对象方面也主要分为三类。一是以福建八闽各地的生态文明建设为研究对象，具体如厦门、宁德、福州、莆田、三明、长汀等。这部分研究较多，学者们关注生态文明建设开展较好的厦门、宁德、三明、莆田等，如甘彩云、施生旭的《基于“五位一体”的厦门城市生态文明建设及对策分析》[6]，李霰菲的《后发地区生态环境问题的对策研究——以福建省宁德市为例》[7]，方炜杭、马丹凤的《三明：红色沃土绿色康养》[8] 等。二是以福建省全域生态文明建设为研究对象，学者们以福建省整体的生态文明建设为研究对象，对福建省生态文明建设的方法、思路、路径等进行深入归纳和总结，如李盼杰的《生态文明建设的辩证法探究——以福建省

---

[1] 林爱玲. 莆田治水故事：一溪春水向东流——莆田秉承木兰溪治水理念持续提升综合治水［N］. 福建日报，2018-12-27（13）.

[2] 高建进. 福州：绿色治理创造生态之美［N］. 光明日报，2020-04-27（1）.

[3] 刘磊，刘毅，颜珂，等. 风展红旗如画——全面贯彻新发展理念的三明探索与实践（上）［N］. 人民日报，2020-12-16（4）.

[4] 安黎哲，林震，张志强，等. 长汀经验，“生态兴则文明兴”的生动诠释［N］. 光明日报，2021-12-18（9）.

[5] 颜珂，钟自炜. 科学规划、系统治理，带动产业发展，福建莆田——木兰溪畔 清波安澜（美丽中国·我们的母亲河①）［N］. 人民日报，2023-01-11（13）.

[6] 甘彩云，施生旭. 基于“五位一体”的厦门城市生态文明建设及对策分析［J］. 中南林业科技大学学报（社会科学版），2017（2）.

[7] 李霰菲. 后发地区生态环境问题的对策研究——以福建省宁德市为例［J］. 中共福建省委党校学报，2010（12）.

[8] 方炜杭，马丹凤. 三明：红色沃土绿色康养［N］. 福建日报，2023-05-09（5）.

生态文明建设实践为例》[1]，廖伟杰等的《福建省生态文明建设的实践创新与路径选择》[2]，梁广林等的《福建省生态文明建设的经验与建议》[3]，陈华的《习近平生态文明思想及其对福建生态文明先行示范区建设的指导意义》[4]。三是以水治理、水土治理、林业发展、城市建设等生态文明具体的生态要素为研究对象，如朱远、陈建清的《生态治理现代化的关键要素与实践逻辑——以福建木兰溪流域治理为例》[5]、朱冬亮的《集体林改与新农村生态文明建设——以福建省为例》[6]、王文君的《浅论我国城市生态建设——以福建省为例》[7]。

福建生态文明建设研究主体主要有三类。一是学界的学者，如前文中的林默彪、刘金龙等；二是新闻媒体工作人员，如前文中的薛志伟、刘磊等；三是课题组，如福建省人民政府发展研究中心课题组撰写了《福建省生态文明建设的历程与启示》[8]，厦门理工学院课题组撰写了《福建生态优势转化为经济发展优势战略研究报告》[9]。

研究者多是在福建工作的学者，这些研究对福建省生态文明建设的思想和实践进行了研究，对本书的写作有一定借鉴意义。但这些研究多从生态治理经验积累和政策制定角度出发，尚未从马克思主义理论继承发展的视角，尚未从习近平在福建先行探索实践提供的思想指引和行动遵循出发，从美丽中国的省域样本高度分析福建作为地方生态文明建设提供的经验启示和示范意义。

---

[1] 李盼杰．生态文明建设的辩证法探究——以福建省生态文明建设实践为例［J］．厦门广播电视大学学报，2019（3）．

[2] 廖伟杰，祁新华，程顺祺，等．福建省生态文明建设的实践创新与路径选择［J］．台湾农业探索，2019（1）．

[3] 梁广林，张林波，李岱青，等．福建省生态文明建设的经验与建议［J］．中国工程科学，2017（4）．

[4] 陈华．习近平生态文明思想及其对福建生态文明先行示范区建设的指导意义［J］．宁德师范学院学报（哲学社会科学版），2019（3）．

[5] 朱远，陈建清．生态治理现代化的关键要素与实践逻辑——以福建木兰溪流域治理为例［J］．东南学术，2020（6）．

[6] 朱冬亮．集体林改与新农村生态文明建设——以福建省为例［J］．福建江夏学院学报，2012（1）．

[7] 王文君．浅论我国城市生态建设——以福建省为例［J］．吉林工程技术师范学院学报，2018（2）．

[8] 福建省人民政府发展研究中心课题组．福建省生态文明建设的历程与启示［J］．发展研究，2018（10）．

[9] 厦门理工学院课题组．福建生态优势转化为经济发展优势战略研究报告［J］．发展研究，2018（3）．

（二）国外学界代表性的观点

国外学界和政界对福建生态文明建设的关注多源于对习近平生态文明思想的关注，长汀水土流失治理和“两山论”就是其关注的焦点。在罗斯·特里尔的《习近平复兴中国》一书中，作者以“长汀故事未完成”为小标题梳理了习近平在福建工作期间的生态文明思想，提出“习近平与长汀将近20年的渊源，不仅印证着他对环境问题的持续关注，更牵系着他在地方执政过程中，对于环境与民生、环境与脱贫、环境与发展的不断思考”[1]，认为长汀故事远未结束；作者还高度评价“两座山”的辩证法，认为这是习近平对改变发展方式、发展理念、发展道路的思考结果。

国内外的研究和报道的共同之处在于大多选取了习近平在福建工作期间进行的探索实践，这为本书提供了很好的借鉴，更为本书的研究奠定了很好的基础。本书拟从福建生态文明建设目标出发，选取四个经典样本进行解剖分析，在此基础上提炼福建生态文明建设的经验启示及其重大的理论示范意义。

三、相关概念界定

考察“生态”“文明”“生态文明”“生态文明建设”“习近平生态文明思想”等相关概念是进行本研究的必要和前提。在语义上对相关概念进行准确定义和辨析，需要将这些概念生成的历史语境、演变过程和一般含义进行梳理，也需要对生态文明建设相关论述的具体语境和生态文明建设的实践进行深入解读。

（一）生态的概念

生态指有机体及其环境之间的关系。“生态”一词源于希腊，其意为“房

---

[1] 罗斯·特里尔. 绿水青山就是金山银山——《习近平复兴中国》连载［N］. 学习时报，2016－10－31（3）.

子”“栖息地”“家”，是复合关系概念，有整体、全部、系统之意。英文中生态为“ecology”，意为环境适应、系统均衡。张挺最早在中国介绍此概念，1978 年马世骏在《环境保护和生态系统》中指出“生态学，是指研究一定空间内多种因素共同构成的综合作用”[1]，钱俊生、余谋昌也认为“存在于生物和环境之间的各种因素相互联系和相互作用的关系，就叫生态”。[2]

生态概念随着社会发展和生态环境问题凸显而不断获得延伸发展，基本经历了三个阶段的丰富和拓展。第一阶段是从自然生物学意义界定其内涵。1866 年德国动物学家恩斯特·海克尔最早提出生态学概念，提出生态学是生物体与其周围环境相互关系的科学，在其著作《普通生物形态学》中指出，我们把生态学理解为与自然界经济有关的知识，即研究动物和植物与它的无机和有机环境之间的全部关系的科学……是对达尔文所称的生存竞争条件的那种复杂的相互关系的研究。[3] 第二阶段是从系统方法界定其内涵。在 20 世纪 20 年代，美籍奥地利理论生物学家路德维格·贝塔朗菲提出有机概念，强调要把有机体作为一个系统来看。1935 年坦斯勒在此基础上提出“生态系统”，用生态学和系统学来研究生物有机体与自然环境关系，强调生物与环境间是系统整体。[4] 第三阶段是从系统生态思维和方法拓展到各个学科，实现从生物学分支到与社会科学连接的跨学科。20 世纪 60 年代后，出现景观生态学、人类生态学、生态经济学、生态信息学等，正是此阶段跨学科的具体表现。

生态学的整体原则、综合原则、系统原则、层次原则带来了观念、思维和方法的革命。当生态问题成为全球显性问题时，人们开始用生态学、系统论来研究分析并寻求解决生态问题的路径。比利时生态学家 P. 丘文奥认为生态学就是研究生命与环境，生命与环境是相互联系的整体。[5] 巴里·康芒纳在《封

---

[1] 马世骏．环境保护和生态系统［J］．环境保护，1978（2）：9.

[2] 钱俊生，余谋昌．生态学哲学［M］．北京：中共中央党校出版社，2004：2.

[3] 转引自罗·麦金托什．生态学概念和理论的发展［M］．北京：中国科学技术出版社，1992：5.

[4] 转引自王甲成．政府成长：和谐社会构建中的政府改革与建设［M］．石家庄：河北人民出版社，2009：34.

[5] P. 丘文奥．生物圈与人在生物圈中的位置［J］．自然科学哲学问题丛刊，1980（1）.

闭的循环——自然、人和技术》中提出生态学四条规则，即“每一个事物都与别的事物相关，一切事物都必然要有其去向，自然所懂得的是最好的，没有免费的午餐”。[1] 这充分肯定了生态既相互联系，又相互作用。余谋昌也认为“生态学就是运用生态的基本观点和方法观察现实事物和理解现实世界的理论”。[2] 至此生态已从生物学的特有概念跨越到自然社会有机体的系统联系。由于立场、观点、思维、认识论不同，学者们应用生态思维思考解决环境问题时给出了不同的答案，这主要有三个学派。一是以挪威哲学家阿伦·奈斯为代表的深生态学派。深生态学从伦理、文化上寻找生态危机的深层原因，并主张以此来解决生态问题，认为生物都有其内在价值，坚持平等的生态中心主义；认为人只有自我实现时才能认识到人是自然的一部分。二是浅生态学派。他们在坚持生产资料私有的立场上，主张以市场、技术为手段来解决生态问题。三是生态马克思主义者。他们坚持以马克思理论为指导，走生态社会主义道路来解决生态问题，如约翰·贝拉米·福斯特就认为彻底的生态学分析同时需要唯物主义和辩证法的观点。[3]

以上关于生态概念的界定，多维度丰富了生态的科学内涵，为界定生态概念夯实了理论依据。通过以上定义可发现，虽然其范畴有所不同，但基本包含了“联系”的价值内核，可以得出“联系”是所有生态概念中的理论内核，是最重要的部分。基于此可以衍生出它的相关内涵，即自然要素的联系、人与自然各要素的联系，各要素相互联系成为有机整体，在此可以将生态界定为自然万物的生存条件及其相互之间的联系。

此外，鉴于生态和环境这两个词概念相近，我们经常混用或连用，如环境效益、生态效益、生态环境等，因此有必要加以区分。环境在广义上一般包括自然环境和社会环境，这里仅分析其狭义生态学意义上的自然环境，即有机体周围

---

[1] 巴里·康芒纳. 封闭的循环——自然、人和技术［M］. 侯文蕙，译. 长春：吉林人民出版社，1997：25－37.

[2] 余谋昌. 生态学哲学［M］. 昆明：云南人民出版社，1991：33.

[3] 约翰·贝拉米·福斯特，郭剑仁. 为什么伟大的生态文明能够在社会主义中国产生——著名生态马克思主义理论家福斯特教授访谈［J］. 鄱阳湖学刊，2022（5）.

的一切，包括可能与其发生联系的各种要素，如土壤、水、大气等。从“生态”“环境”概念可知，“环境”比“生态”研究对象外延要广，不仅指非生物如太阳、土壤，也可以指生物和非生物的结合。生态强调联系，不单独指生物或者非生物，而指生物有机体与非生物相互作用的整体，指有机生命体与自然各要素的整体联系。显然“生态”概念强调关系，并不单指实体性自然各要素。环境体现人与自然二分的思维模式，生态体现了人与自然一体的整体思维。生态是双向的平等联动，体现共生、再生的过程和联系，生态问题的解决需要发挥人的主观能动性。环境是单向的外在的支配和控制，环境问题是客体存在的问题，是环境要素自身存在的问题。生态问题是主观见之于客观的问题，不仅是外在的环境污染、水土流失、空气污浊等问题，而且是人类的生产方式、生活方式出现问题。生态概念的确立可从价值观和伦理观层面帮助人们正确认知自然与自我，诚如恩格斯所言，人类自身也是大自然的一部分，人类对自然无限度的开发无疑是自毁墙角。生态既是一种高度的抽象，也是普遍的实在，我们应该反思改变自身的生产方式、生活方式，找到正确的生活方式、生产方式，创造出人类文明新形态。

（二）文明和生态文明

“文明”一词意思多样，《汉语大词典》中有 9 种解释，如文采光明、文采、文治教化、新的、现代化的、社会发展较高等。文明一词最早在《周易》中出现，如“文明以健，中正而应，君子正也”“文明以止，人文也”等，其意思多指人的开化和社会的有序发展。西方“文明”（civilization）概念源于拉丁语 civilis 和 civitas，前者指城市的居民，后者指一个人居住的社会。显然文明意味着人在改造自然过程中活动能力和活动范围的提升，指向人类改造自然的成果。这一概念最早由 17、18 世纪欧洲启蒙学者提出，卢梭也认为“第一个人圈了一块土地，还想到说一句‘这块土地是我的’，随后大家都天真地相信了他的话，他就是文明社会的奠基人”[1]。显然西方文明这一概念多相对

---

[1] 卢梭. 卢梭文集［M］. 何兆武，译. 北京：红旗出版社，1997：107.

于野蛮，指人类在历史长河中创造的理念、知识和经验的总和。

此外，由于文化与文明两词概念相近，容易混用，因此有必要加以区分。从词源看西方对于二者的界定，意思差异明显，文化（culture）源于拉丁语 colere，指耕作、栽培，文明指向都市生活。对于两者关系，存在四种观点。第一种观点认为两者是递进关系，文明是较高程度的形态，人类在广泛制度化、组织化之后发展至文明，孔多塞是这种观点的代表人物。第二种观点认为文化和文明分别对应精神和物质，前者是个性的、是价值观，后者是共性的、是无关价值的实体存在，故常称精神文化、物质文明，这主要以德国学者为代表。第三种观点将文化纳入文明范畴，如阿尔弗莱德·韦伯、汤因比，汤因比把世界史看作文化系列，文化的发展过程即为“文明”。第四种观点将文明纳入文化范畴，如施宾格勒。本研究综合上述观点，认为文化和文明是递进关系，文明泛指人类的生活方式，是人类在生存、发展活动过程中创造的成果和这一过程本身，是社会进步的标志，是一种先进的社会和文化发展状态。

人是类存在物，人们汇聚而成为社会，人类文明的发展和进步都在这一过程中形成，同时文明进步面临的挑战也在其中产生。马克思、恩格斯提出私有制和社会分工出现之后，人类才开始进入文明。文明显然是人类进步的标志，早期人们主要将其分为两大类，即物质文明和精神文明。生态文明是一个复合词，是对人与自然关系、人类发展等理念、价值、知识与经验的总和，是一种全新的文明形态。在 20 世纪 70 年代中期，苏联学者《在成熟社会主义条件下培养个人生态文明的途径》一文中提出生态文明概念，该文章发表在《莫斯科大学学报·科学共产主义》[1]，这也是目前查到的文献中最早出现生态文明概念的文章。美国学者罗伊·莫里森也提出继工业文明之后将形成新的生态文明。[2] 在我们国家，叶谦吉在 1984 年提出此概念。生态文明理念要求人们正确认识人与自然共生关系，使人化自然可以持续满足人类生存发展所需。2007

[1] 转引自周宏春. 走生态文明之路需要全民共识和行动［J］. 中国发展观察，2012（12）.

[2] 罗伊·莫里森. 生态民主［M］. 刘仁胜，张甲秀，李艳君，译. 北京：中国环境出版社，2016.

年党的十七大报告中明确提出要建设生态文明，要求全社会牢固树立社会主义生态文明观，自此生态文明成为国家重要的建设目标。

文明是人类改造自然、改造社会取得的全部成果，而生态文明则是遵循人与自然和谐共生原则对自然和社会进行改造所取得的成果。当前学界对生态文明解读主要有三个维度，第一个是文明要素维度，认为生态文明是与政治、经济、文化、社会文明同等并列的要素，从共时态分析生态文明。贾卫列、杨永岗、朱明双在其专著《生态文明建设概论》中按照经济、政治、文化、社会和环境五个要素对生态文明进行论述。[1] 张云飞在《生态文明是贯穿所有文明形态始终的基本结构（英文）》文中提出生态文明不是取代工业文明的新文明，而是贯穿人类文明形态（从渔猎社会到未来的智能文明）始终的一种基本结构[2]，本书也把此观点归纳为要素说。第二个是新型文明形态说，认为生态文明是新型文明形态，继农耕文明、工业文明之后，从历时态分析生态文明。余谋昌认为“生态危机标志着传统工业文明开始走下坡路，一种新的文明——生态文明成为上升中的文明”[3]，但他同时也主张将生态文明融入经济、文化等建设中。郇庆治在《生态文明概念的四重意蕴：一种术语学阐释》一文中提出生态文明是在中国的现代化或发展背景与语境下对现代工业文明发起的理论与实践挑战，但并不是简单弃置人类工业和城市文明。[4] 第三个是认为生态文明不是与农业文明、工业文明并列或对立，而是渗透于其中，生态文明的发展仍需要工业文明的支撑，代表人物有陈学明、陈永森、何爱国。陈永森还以《罪魁祸首还是必经之路？——工业文明对生态文明建设的作用》为题

---

[1] 贾卫列，杨永岗，朱明双．生态文明建设概论［M］．北京：中央编译出版社，2013.

[2] 张云飞．生态文明是贯穿所有文明形态始终的基本结构（英文）［J］．中国特色社会主义研究，2011（3）.

[3] 余谋昌．生态文明是发展中国特色社会主义的抉择［J］．南京林业大学学报（人文社会科学版），2007（4）.

[4] 郇庆治．生态文明概念的四重意蕴：一种术语学阐释［J］．汉江论坛，2014（11）.

专门论述二者之间的关系。[1] 他们总体的观点是生态文明作为一种崭新的文明形态，在器物、制度、观念等方面需要融合工业文明，这是我们理解和践行生态文明的“钥匙”，也是把握习近平生态文明思想的内核和精髓的立足点。习近平也指出：“人类经历了原始文明、农业文明、工业文明，生态文明是工业文明发展到一定阶段的产物，是实现人与自然和谐发展的新要求”[2]，并指明“我们建设现代化国家，走欧美老路是走不通的，再有几个地球也不够中国消耗……我们要把生态文明建设放在突出位置，融入经济建设、政治建设、文化建设、社会建设各方面和全过程……这些工作应该融入工业化、信息化、城镇化、农业现代化过程中，要同步进行，不能搞成后再改造”[3]。综合上述观点，本研究认为生态文明不是取代工业文明的后工业文明阶段，而是在工业文明基础上，将人与自然和谐共生渗透在文明结构各领域、文明形态发展全过程。

（三）生态文明建设和习近平生态文明思想的提出

虽然生态这个词语发轫于西方，生态环境问题也在西方先提出并引起关注，但中国却率先从国家政策层面提出开展生态文明建设来解决经济发展和环境保护的矛盾。党的十七大报告提出：“建设生态文明，基本形成节约能源资源和保护生态环境的产业结构、增长方式、消费模式……生态文明观念在全社会牢固树立。”党的十八大报告则首次将“生态文明建设”单章列出进行系统论述，并将其与经济建设、政治建设、文化建设、社会建设并列，形成“五位一体”的总布局。自此生态文明建设成为学界研究的热点，生态文明建设的理念、地位、路径、方针、任务、目标等就成为学界研究的焦点主题，但开

---

[1] 陈永森．罪魁祸首还是必经之路？——工业文明对生态文明建设的作用［J］．福建师范大学学报（哲学社会科学版），2021（4）．

[2] 中共中央文献研究室．习近平关于社会主义生态文明建设论述摘编［M］．北京：中央文献出版社，2017：6．

[3] 中共中央文献研究室．论坚持人与自然和谐共生［M］．北京：中央文献出版社，2022：23－24．

展好生态文明建设更需要思想的引领。

思想是人主观能动性的集中体现，人在感觉、行动方面获得经验，并归纳总结为知识，提炼凝练为思想。思想，在词性上既可做名词，也可为动词。做名词时，如习近平生态文明思想，指理论体系；做动词时，指人的理性思考，毛泽东指出，“无数客观外界的现象通过人的眼、耳、鼻、舌、身这五个官能反映到自己的头脑中来，开始是感性认识。这种感性认识的材料积累多了，就会产生一个飞跃，变成了理性认识，这就是思想”❶。这种思想是认识的成果，是思维的结果，由于生活经验等不同，个体的思想差异较大，思想与思想者紧密地联结在一起，恰如马克思所言“人们是自己观念、思想等等的生产者”❷。自党的十七大报告提出要建设生态文明社会后，国家就启动生态文明建设，习近平生态文明思想既是中国共产党对经济发展和环境保护关系思考统筹的集体智慧结晶，也是习近平在工作实践中在党的环境政策指导下不断探索凝练而成。2018 年 5 月 18 – 19 日在第八次全国生态环境保护大会上，习近平以“推动我国生态文明建设迈上新台阶”为题系统论述了其生态文明思想，这是习近平生态文明思想的正式提出。后来习近平说：“我对生态环境工作历来看得很重。在正定、厦门、宁德、福建、浙江、上海等地工作期间，都把这项工作作为一项重大工作来抓。”❸

在习近平生态文明思想的指导下，全国的生态环境、经济发展转型已经取得明显的成效。福建的生态文明建设也不例外，福建省既发挥好作为习近平生态文明思想重要孕育地的先发优势，也认真学习贯彻习近平生态文明思想，以此为指导深入开展生态文明建设。作为生态文明建设的理论体系，习近平生态文明思想有着丰富的内涵，学者们也深入解读此思想，他们或从学理层面，或从政策层面对其进行解读分析。概括而言，当前具有代表性的观点主要从六大原则、五大体系来阐述其理论，也有学者从八观方面阐述习近平生态文明思想

---

❶ 毛泽东．毛泽东文集（第八卷）［M］．北京：人民出版社．1999：320.

❷ 马克思，恩格斯．马克思恩格斯文集（第一卷）［M］．北京：人民出版社，2009：524.

❸ 习近平．推动我国生态文明建设迈上新台阶［J］．求是，2019（3）：6.

的核心内涵❶，这些都清晰地阐释了习近平生态文明思想精髓。究其思想的核心要义可以发现，习近平生态文明思想反映了经济发展和环境保护的一般规律，核心理念是绿水青山就是金山银山，为摆脱先发展、后治理的发展模式提供了具体的思路和路径，为“走向社会主义生态文明新时代”提供了根本遵循和行动指南。学者们从学术角度高度肯定其世界意义，如华启和、陈冬仿认为习近平生态文明思想的理论维度、制度维度和战略维度使我国生态领域的话语从谋生存时代的跟着讲，到谋求发展时代的接着讲，再到谋求现代化的领着讲。❷ 王雨辰、陈麦秋也认为习近平生态文明思想是对西方生态文明理论的超越，是人类生态文明史上的历史性变革。❸

“生态”“文明”“生态文明”“生态文明建设”“习近平生态文明思想”等相关概念的定义，对本书研究对象进行了界定，为我们研究福建省以习近平生态文明思想为指导开展生态文明建设提供了基础。习近平在福建工作期间遵循自然规律、社会发展规律思考人与自然关系，统筹协调经济发展和环境保护矛盾，形成新的生态文明理念，奠定福建生态文明建设的实践基础，福建人民和福建干部以此为行动遵循和思想指引接续开展生态文明实践，福建生态文明建设不仅有着突出的实践效应，而且有着重大的理论示范意义。

---

❶ 六大原则是：坚持人与自然和谐共生、绿水青山就是金山银山、良好生态环境是最普惠的民生福祉、山水林田湖草是生命共同体、用最严格制度最严密法治保护生态环境、共谋全球生态文明建设。五大体系是：以生态价值观念为准则的生态文化体系、以产业生态化和生态产业化为主体的生态经济体系、以改善生态环境质量为核心的目标责任体系、以治理体系和治理能力现代化为保障的生态文明制度体系、以生态系统良性循环和环境风险有效控制为重点的生态安全体系。八观是：生态兴则文明兴、生态衰则文明衰的深邃历史观，坚持人与自然和谐共生的科学自然观，绿水青山就是金山银山的绿色发展观，良好生态环境是最普惠的民生福祉的基本民生观，山水林田湖草是生命共同体的整体系统观，用最严格制度保护生态环境的严密法治观，全社会共同参与的全民行动观，共谋全球生态文明建设的共赢全球观。

❷ 华启和，陈冬仿．中国生态文明建设话语体系的历史演进［J］．河南社会科学，2019（6）．

❸ 王雨辰、陈麦秋．论习近平生态文明思想对西方生态文明理论的超越与当代价值［J］．社会科学战线，2022（3）．

四、研究思路及方法

本研究从马克思主义发展史的视角既紧紧抓住福建生态文明建设独特的思想资源，又立足于现实时代问题的实践进行研究，力图做到客观化、系统化、学理化地研究福建生态文明建设的实践与经验。

（一）研究思路

福建是习近平生态文明思想的重要孕育地，习近平曾亲自部署海上花园厦门、绿色山区宁德、山水城市福州、生态福建省的生态建设。本研究从福建生态文明建设是美丽中国的省域样本出发，科学阐释了福建生态文明建设的生成逻辑，系统论述了“海上花园厦门、绿色山区宁德、山水城市福州、生态福建省”四个典型样本生态文明建设的实践模式及经验启示，明确了福建生态文明建设的重大示范意义。

导论：围绕回应研究福建生态文明建设的重要性，提出福建生态文明建设作为美丽中国的省域样本具有重大的示范意义，梳理学术界相关研究成果以及与研究相关的概念，并以此为基础阐述研究思路和研究方法。

第一章：美丽中国的省域样本：福建生态文明建设的生成逻辑。本章系统梳理福建生态文明作为省域样本的现实逻辑、理论逻辑和实践逻辑。伴随着工业化的发展，全球经济发展和环境保护的矛盾逐渐凸显引发现代化发展模式的反思，中国在推动经济发展时提出要摆脱西方“先发展、后治理”的发展模式，福建省在迫切发展时也面临要环境还是要经济的选择难题。福建省党员干部从福建经济发展和环境保护现实难题出发，以马克思人与自然关系思想、党的环境保护思想、传统文化中的生态智慧为理论指导协调人与自然矛盾，建设美丽福建。

第二章：海上花园样本：厦门生态文明建设。本章系统梳理海上花园厦门生态文明建设实践及其经验启示。在厦门工作期间，习近平治理厦门生态环境、思考开发建设方式，主持编制《1985 年—2000 年厦门经济社会发展战略》、设立生态环境专题，整合发展要素、推动同安军营村绿色发展。厦门市历任干部以习近平制定的发展战略为思想指引和行动遵循，围绕“机制活、产业优、百姓富、生态美”的要求接续建设美丽厦门，使其成为海上花园城市的典型样本。这些建设成果是厦门市党员干部在面对时代之问时坚持不懈地围绕自然做文章而得来的，在推进生态文明建设过程中他们战略前瞻性地认识厦门的环境问题，在主客观辩证法结合中科学提出“山上戴帽，山下开发”等理念，在党的环境政策指导下走绿色发展之路。

第三章：绿色山区样本：宁德生态文明建设。本章系统梳理绿色山区宁德生态文明建设实践及其经验启示。在宁德工作期间，习近平立足于宁德客观的物质生产条件，提出“要念好山海经、唱好经济大合唱”“森林是水库、钱库、粮库”“发展大农业、走综合立体生态农业之路”，撰写了《摆脱贫困》专著，推动宁德各县市区绿色脱贫。宁德历任干部以山海辩证法等为思想指引和行动遵循，围绕“机制活、产业优、百姓富、生态美”的要求接续建设绿色宁德，使其成为生态脱贫的典型样本。这些建设成果是宁德党员干部在面对时代之问时坚持不懈地围绕山海做文章而得来的，在推进生态文明建设过程中他们坚持战略前瞻性地看待山区宁德的环境问题，在主客观辩证法结合中科学提出“森林是水库、钱库、粮库”理念，在党的环境政策指导下走绿色脱贫之路。

第四章：山水城市样本：福州生态文明建设。本章系统梳理山水城市福州生态文明建设实践及其经验启示。在福州市委工作期间，习近平立足于福州市客观的物质生产条件，提出“城市生态建设”理念，系统治理福州城市环境；提出发挥海上优势建设海上福州，推动福州海洋经济发展，主持制定《福州市 20 年经济社会发展战略设想》；提出绿水青山是发展方向、推动各县市区绿色发展。福州市历任干部以习近平提出的城市生态建设理念、擘画的福州发展蓝图为思想指引和行动遵循，围绕“机制活、产业优、百姓富、生态美”的要求接续建设福州，使其成为山水城市建设的典型样本。这些建设成果是福州市党员干部在面对时代之问时坚持不懈地围绕生态立市做文章而得来的，在推进生态文明建设过程中他们坚持战略前瞻性认识福州环境问题，在主客观辩证法结合中科学提出“发展方向是绿水青山”等理念，在党的环境政策指导下走生态城市建设之路。

第五章：生态省样本：福建省生态文明建设。本章系统梳理生态省福建生态文明建设实践及其经验启示。在福建省委、省政府工作期间，习近平立足于福建省客观的物质生产条件，提出建设“生态省”理念，主持制定《福建生态省建设总体规划纲要》；坚持不懈推动龙岩长汀水土治理与莆田木兰溪治理建设生态家园；提出青山绿水是无价之宝的理念，推动福建山区绿色发展。福建省历任干部以习近平的生态省建设理念为思想指引和行动遵循，按照习近平擘画的“机制活、产业优、百姓富、生态美”的蓝图接续建设，把福建建设成为生态省样本。

第六章：福建生态文明建设的重大示范意义。作为美丽中国的省域样本，福建省不仅取得示范性的实践成效，而且有着重要的理论示范意义。福建生态文明建设充分体现了马克思主义理论特色，即人民性、辩证性、实践性和发展性。福建省党员干部从人民立场出发，辩证认识并处理经济发展和环境保护关系，在以生态环境问题为导向的实践中，在新理念与实践建设相结合中解决存在的新旧环境难题，在不断深化对生态系统、具体自然要素及生态在经济社会发展中地位的认识中推进生态文明建设，并使其成为美丽中国的省域样本。

结语：本书紧紧抓住福建生态文明建设拥有的独特优势、独特渊源、独特财富展开研究。在梳理省域样本生成的逻辑基础上，阐述福建各地充分发挥好独特的思想资源接续进行生态文明建设的实践，提炼其经验启示，研究福建省历任干部从人民立场出发，辩证认识并处理经济发展和环境保护关系，在以生态环境问题为导向的实践中先行先试而成为美丽中国省域样本的理论示范意义。

（二）研究方法

本书坚持和运用马克思主义的立场、观点和方法，对福建生态文明建设的实践和经验进行研究，旨在探求思想与实践的关系。在具体研究中，本书运用的研究方法主要包括：

1. 历史分析法

该方法的采用适宜梳理福建生态文明建设的发展进程，适宜研究习近平生态文明思想在福建的探索，为福建生态文明建设提供的行动遵循和思想指引，探究福建生态文明建设在实践和理论上所具有的经验启示和示范意义。

2. 系统分析法

该方法的采用适宜对福建生态文明建设进行系统性研究，在研究分析习近平生态文明思想发展的出发点和落脚点的基础上，梳理福建历任干部如何接续建设生态文明，并对建设的典型样本海上花园厦门、绿色山区宁德、山水城市福州、生态福建省进行系统研究。

3. 田野调查法

要研究好福建生态文明建设，必须实地考察生态文明的实际呈现样态，为此选取具有典型代表意义的厦门军营村、莆田木兰溪、龙岩长汀、三明常口村等地进行实地调研，对当地地方政府干部、普通民众等进行访谈，增加感性认识，同时整理各地生态文明建设的政策文件和实践案例。

第一章

美丽中国的省域样本：福建生态文明建设的生成逻辑

近年来福建省以习近平生态文明思想为指导，充分发挥习近平生态文明思想重要孕育地和先行实践地的独特优势，在绿色发展中建设美丽福建，走在全国生态文明建设前头，成为全国生态文明试验区，成为美丽中国的省域样本。福建生态文明建设成为美丽中国的省域样本有其独特的生成逻辑，这既源于其特殊的现实逻辑，也有其特定的理论逻辑和实践逻辑。自工业成为人类发展的主要生产方式，经济发展和环境保护的矛盾就成为时代之问，资本主义工业化大生产引发的环境问题带来人类发展道路的困惑，国内现代化使命与环境问题凸显，迫切的发展需求与应对、化解环境压力就成为福建生态文明建设的现实逻辑；福建省党员干部以马克思的人与自然关系思想、中国共产党的环境保护思想、传统生态智慧为理论逻辑推进生态文明建设的探索和实践；在福建工作期间习近平对现实的生态环境问题开展的先行探索实践是其实践逻辑。科学考察美丽中国的省域样本——福建生态文明建设的生成逻辑，有助于进一步坚定理论自信，走向社会主义生态文明新时代。

第一节　现实逻辑：福建生态文明建设的时代背景

自工业成为人类发展的主要生产方式，经济发展和环境保护的矛盾就成为时代之问，问题也是时代的声音。福建生态文明建设源于应对和化解在发展过程中遇到的环境压力。伴随着工业化的发展环境危机随之而来，从全球看，科技革命、工业化大生产带来生态危机后引发发展道路的困惑；从国内看，在推进现代化进程中也引发环境恶化；从福建省内看，在改革开放浪潮中推动发展时也面临着要经济还是要环境的两难选择。福建生态文明建设就源于如何应对并化解这些现实的问题。

一、全球生态危机的凸显引发发展模式困惑

19 世纪初期，科技的发展推动人类从工场手工业走向机器大工业时期，纺织、采矿、冶金、化工行业等迅速发展。这既为资本主义大工业生产奠定了物质基础，也带来资源短缺和环境污染，化工农业技术的滥用带来地力破坏和农产品被污染，资本逻辑驱动大消费带来生态系统的失衡，经济全球化带来全球生态危机。这些问题也延展到中国，这既是习近平生态文明思想在福建探索实践的重要时代背景，也是福建生态文明建设面对的现实问题。

第一，工业化大生产带来资源短缺和环境污染。

科学技术革命始于 18 世纪 60 年代，蒸汽机轰鸣响起后，机器代替了人力，人类进入蒸汽时代，纺织机的发明和机器制造业促使资本主义大工业代替工场手工业。紧接着 19 世纪 80 年代电力技术的发展应用推动人类迈进了“电气时代”，人类进入了工业文明。科技产生的巨大生产力让人惊叹，使社会发展产生质的飞跃，正如马克思在《共产党宣言》中所说“资产阶级在它的不到一百年的阶级统治中所创造的生产力，比过去一切世代创造的全部生产力还要多，还要大……过去哪一个世纪料想到在社会劳动里蕴藏有这样的生产力呢?”[1] 但接踵而来的自然环境破坏同样也让人惊慌失措。一方面自然资源过度消耗导致资源紧缺，工业化的生产和逐利的生产目的使其不断扩大生产，加剧对自然资源的掠夺，正如列宁提出“资本主义愈发达，原料愈缺乏”[2]。在 19 世纪中叶，这种现象在农业领域表现较为突出。过度的开发使得土地贫瘠，天然肥料供应出现短缺，1846 年爱尔兰地力耗尽使得农作物马铃薯生病，产量下降，发生饥荒，数以万计的人丧生。各国为获得更多稳定的肥料供应，大

---

[1] 马克思，恩格斯．马克思恩格斯文集（第二卷）[M]．北京：人民出版社，2009：36.

[2] 列宁．列宁选集（第二卷）[M]．北京：人民出版社，1995：645.

量进口鸟粪，出现“鸟粪帝国主义”；当进口仍无法满足时则开始用智利的硝酸盐来代替鸟粪作为肥料，并推动人工化肥的研发和生产，而这又给土壤生态的变化带来新的影响。另一方面工业污染排放量剧增导致人们身体健康出现问题。在20世纪50年代，这种影响较为凸显，“二战”后欧洲进入新的经济高速增长时期，化工产业、冶炼产业、汽车产业发展迅速，“三废”排放量剧增，当废气、废渣、废水毫无节制地进入空气、土壤、水源后最终造成人群大量发病和死亡，环境公害逐渐加剧，八大公害事件随之而来。八大公害事件横跨20世纪30—60年代，分别为比利时一起、英国一起、美国两起、日本四起，短时期快速发展的日本发生最多。这些公害都直接损害人们健康，其中1952年伦敦烟雾事件使得数千人死亡，而日本四起事件中，受害者达数万人。直接而客观的事件使人类开始关注思考这些问题背后的原因，这些客观存在的环境危害人类健康的事件推动了全球对环境污染的关注。

第二，化工农业技术的滥用带来地力破坏和农产品被污染。

伴随着科技的发展，机械化、工业化的生产方式进入农业领域，荒山、湿地得以大面积开拓，带来生物物种减少、沙漠化扩大、土壤肥力下降。此时，化工技术进入农业领域，化肥、农药、除草剂在农业领域开始大量使用，这带来了新的环境问题，主要表现在两个方面，一是人工化肥代替有机肥长期使用后带来土壤板结，肥力迅速下降。马克思在比较小土地所有制和大土地所有制生产方式的基础上批判了资本主义生产关系下工业生产加剧了对自然的破坏，提出“前者更多地滥用和破坏劳动力，即人类的自然力，而后者更直接地滥用和破坏土地的自然力……而工业和商业则为农业提供使土地贫瘠的各种手段”[1]。这个问题在彼时年轻的资本主义国家美国也呈现出来，但美国的农业发展得益于其疆土的辽阔、人口的稀少，使得其休耕政策能够迅速执行。二是除草剂、杀虫剂、农药大规模的使用直接影响人们身体健康，这些化工产品虽然减轻了农业生产中体力劳动的付出，但当它们进入田野后，不能分解的分子

[1] 马克思，恩格斯．马克思恩格斯文集（第七卷）［M］．北京：人民出版社，2009：919.

要么直接进入生物链循环，导致土壤中的微生物、灌木丛中的小昆虫、小溪里的鱼儿、原野上的鸟类吞食而死亡；要么直接附着在农产品中危及人类的健康，癌症的发病率在此时也呈现激增趋势。1962 年雷切尔·卡逊在观察和科学论证的基础上将此现象描述为“寂静的春天”。雷切尔·卡逊不仅描述了 DDT 通过大气、河流、土壤与动植物和人类发生联系，揭示了化工农药对生态系统产生的危害，同时还对现有工业化的发展道路提出质疑，提出工业化道路看似平坦，实则在路的尽头将是悬崖，为此我们要走行人稀少的岔路，雷切尔·卡逊成为生态危机的“吹哨人”。《寂静的春天》引发人们重思人与自然的关系，思考人类未来发展道路和方向。

第三，资本逻辑驱动生活消费增速带来生态系统失衡。

以工业化为基础的生产推动欧洲从商品贸易经济进入资本主义经济，资本的逻辑在于增值。由于资本主义的生产目的在于逐利，生产的目的在于追求交换价值，大生产的驱动下带来大消费，进而出现大浪费，使得地球难以承载。这种浪费现象主要体现在两方面，一是资本主义固有矛盾带来的经济危机造成大量产品的浪费，二是资本增值原则推动其追求并开拓市场、创造消费需求并倡导消费，制造虚假的需求，为此可以不惜发动战争。恰如马克思所言“资产阶级，由于开拓了世界市场，使一切国家的生产和消费都成为世界性的了”❶。但增速的消费与生态系统正常的代谢速度显然不匹配，正如马克思所讲“使人以衣食形式消费掉的土地的组成部分不能回归土地，从而破坏土地持久肥力的永恒的自然条件”❷。同时，为了满足人们虚假的消费需求，资本开足马力进行生产。生态马克思主义者本·阿格尔也认为“资本主义和国家社会主义的结构上的弱点导致了人们在其中不得不通过个人的高消费来寻求幸福的环境，从而加速工业的增长，对业已脆弱的生态系统进一步造成压力”❸。美国学者罗尼·利普舒茨从环境政治视角对资本主义生产方式带来的环境问题

---

❶ 马克思，恩格斯．马克思恩格斯文集（第二卷）［M］．北京：人民出版社，2009：35.

❷ 马克思，恩格斯．马克思恩格斯文集（第五卷）［M］．北京：人民出版社，2009：579.

❸ 本·阿格尔．西方马克思主义概论［M］．慎之，等译．北京：中国人民大学出版社，1991：493.

也进行批判，认为资本逻辑即投入最小收益最大，使生产者无法主动为环境买单，因为这会提高成本，减少收益。[1] 美国著名学者詹姆斯·奥康纳在《自然的理由：生态学马克思主义研究》中也对此进行批判，提出“资本主义的政治和法律体系、资本的累积、社会生活及文化的商品化逐渐被促成了对一种新的自然，一种特定的资本主义式的‘第二自然’的建构”[2]。显然在资本的驱动下，生产与消费间的恶性循环造成生态系统失衡，地球难以承载人类的需求。

二、中国现代化进程中高速增长的经济带来环境难题

现代化是中华民族一直以来追求的目标，自 1949 年新中国成立后，我们以四个现代化为目标推动国家建设。工业化、城镇化、市场化成为国家和社会发展的重要路径，但环境问题也随之而来，党和国家领导也意识到此问题严重性，并思考发展道路，1978 年 12 月 31 日，党中央就提出了“我们绝不能走先建设、后治理的弯路，我们要在建设的同时就解决环境污染的问题”[3]。这表明了党中央对既有发展道路的反思，并态度鲜明地指出我们不能走既有的发展道路，提出了摆脱“先发展、后治理”的思路和方向，即在建设中解决环境污染，但关键是如何在建设的同时解决此问题。为了全面推进环境保护工作，1983 年环境保护被确立为国策。如何摆脱“先发展、后治理”的老路，落实好国家环境保护政策，是福建省生态文明建设无法忽视的现实难题。

第一，工业化带来的环境问题。

工业化的生产使新中国经济发展迅速，为新中国发展提供了一定的物质基

---

[1] 罗尼·利普舒茨．全球环境政治：权力、观点和实践［M］．郭志俊，蔺雪春，译．济南：山东大学出版社，2012：96.

[2] 詹姆斯·奥康纳．自然的理由：生态学马克思主义研究［M］．唐正东，译．南京：南京大学出版社，2003：100.

[3] 国家环境保护总局，中共中央文献研究室．中共中央批转《环境保护工作汇报要点》的通知（1978 年 12 月 31 日）［M］//新时期环境保护重要文献选编．北京：中央文献出版社，中国环境科学出版社，2001：2－3.

础，但与此同时，工业化的生产也带来了一些环境问题，如粗放式生产带来资源浪费、环境污染，资源依赖型的发展带来资源枯竭和生态失衡。首先，粗放式生产带来资源浪费。粗放生产主要依靠要素的投入，资源利用效率低，并且产品质量不高，这在重工业、轻工业和农业三个领域都存在。重工业钢铁、冶炼带来的"三废"（废水、废气、废渣）未经处理直接排出，多是微量有机污染物和持久性有机污染物，超出自然自净能力；轻工业中的纺织和造纸的"三废"排量也不可小觑，一度成为废水的主要来源，"造纸业 1998 年占 16%，到 2007 年已经占据 19.2%，纺织业在 2007 年也占比 10.2%"[1]。伴随着时代发展，电子业发展带来新的污染，如电子废料、电子垃圾等。化工农业和牲畜养殖排放的氨氮、氢化硫等也都对自然造成污染。当这些"三废"被土壤吸收则成为地下、地表污染源，进而影响人们身体健康。其次，资源依赖型的发展带来资源枯竭和生态失衡。在早期工业化中依赖自然资源发展是其主要方式，石油、天然气、煤炭、金属等资源大量开采，一方面带来经济的快速增长，另一方面也使一些地方的资源逐渐枯竭，我国也有多个地区逐渐走向资源枯竭，如大兴安岭、阜新、萍乡等。与此同时，这种开发方式造成生态圈各层失衡，如机械破坏或者化学污染岩石圈后，易带来地质灾害、冻土融化，地下水也易被破坏；表层河流、水生物、土壤、岩石等也易受影响；矿石开采还造成粉尘或有毒气体排放、大气易污染，林木的砍伐使水土易流失，动植物的生存也都受此影响。中国环境问题严重时曾出现七大河流有一半被污染，另有 1997 年黄河断流、1998 年长江流域特大洪涝灾害、2000 年北方地区沙尘暴肆虐。

第二，城镇化早期带来的环境问题。

通俗来讲，城镇化即城镇常住人口逐渐增加，这是当前衡量经济和社会发展的重要指标，我国城镇化人口目标为 70% 左右。1978 年城镇人口为 1.7 亿，

---

[1] 中华人民共和国生态环境部. 中国环境统计年报（2007）[EB/OL].（2010-06-21）[2021-03-01]. https://www.mee.gov.cn/hjzl/sthjzk/sthjtjnb/index_1.shtml.

占17.92%，经过40多年的努力，2020年城镇人口已经达到63.89%。[1] 城镇化带来新的环境难题，如人口的聚集带来垃圾围城，城市的建设带来人与自然生态循环阻断，城市的扩容带来乡村土地资源的减少，乡村人居环境关注不够等问题。首先，城镇化带来人口集中，同时也带来人居环境的变化。虽然也有部分学者认为城镇化对生态环境发挥了促进作用，如资源集约效应、人口聚散效应、污染集中处理等，但城市客观存在的交通拥堵、环境污染、垃圾围城的现状也说明城镇化早期扩大城市规模的思路存在不足。与此同时，城市人均资源消耗高于农村，据统计“九五”和“十五”期间我国城市建筑能耗相当于全社会直接能耗的28.8%，间接能耗的46.6%。城市人均资源消耗量是村庄的6倍，能源消耗量是村庄的10倍。[2] 罗斯·特里尔在其主编的《习近平复兴中国》中提出“未来城镇化率每提高1个百分点，将增加生活垃圾1200万吨、生活污水11.5亿吨，消耗8000万吨标煤”[3]。城镇化虽然带来人居环境的相对改善，但当人工系统代替自然系统时，城区面积扩大、水泥等不透水面积增加，湿地、绿地和水体的减少，带来了温室效应和热岛效应增多；人口大量聚集带来的有机排泄物与乡村的农田生态系统无法连接，城市污水、垃圾也开始围城，人与自然的物质循环被切断。其次城镇化带来的生态问题也体现在农村，具体如以土地财政为支撑的城镇化造成农村生态空间的缩减，耕地占用成为一道难题，土地资源走向稀缺，直接威胁粮食安全和生态安全。重城轻乡的偏向思维还导致污染上山下乡，离土离乡式城镇化造成农村人居环境关注不够，重速轻质的半城镇化使半工半耕的农民依赖农药化肥而无心精耕细作。

第三，市场化过程带来的环境问题。

市场作为一种资源配置方式，在我们的生活中扮演着重要作用，开放型的市场最有利于挖掘和调动生产要素的潜力，这一方面增强了中国的经济活力，

---

[1] 国家统计局. 中国统计年鉴2021［EB/OL］.［2022-04-01］. https://www.stats.gov.cn/sj/ndsj/2021/indexch.html.

[2] 张文成. 建设有中国特色的社会主义新农村［J］. 小城镇建设，2005（11）：29.

[3] 罗斯·特里尔. 绿水青山就是金山银山——《习近平复兴中国》连载［N］. 学习时报，2016-10-31（3）.

另一方面也带来新的环境问题，主要表现在三方面。首先，自我国确立改革开放政策后，吸引了大量国外企业来华投资。招商引资的外资企业多是高污染、高消耗产业。其次，国内新发展的企业对环境的污染也不小。获利的动机使其环保意识不强、环保投入不足，当国家放松对污染排放监督时，企业就很容易成为环境污染的贡献者。如在规模化的农场作业中过度使用农药和地膜，造成生物多样性消失、农业面源污染加剧等问题。最后，市场主体对利益的追求也使其倡导消费，冲动消费、过度消费、炫耀性消费出现，这也带来资源的浪费和生态的失衡。

当这三者共同作用于生态环境时，生态系统显然难以承载。中国必须改变发展模式，要不断探索现代化新道路和人类文明新形态，这不仅是中国发展的需要，更是福建经济社会发展的具体难题，同时还是世界环境问题解决的需求。

三、福建省迫切发展需求与自然环境的矛盾冲突

福建省地处中国的东南部，背山面水，面朝大海，自然资源丰富，常用“八山一水一分田”来概述其地貌。改革开放后，福建省也借着改革开放的东风，落实党的方针政策推动经济发展，工业化、城镇化、市场化既是其发展的目标也是其发展的手段。但依赖资源，以高投入、高消耗、高污染的粗放型的方式推动经济增长，经济发展和自然环境矛盾冲突不断，如何建设成为福建地方领导思考的重点问题。在福建的经济社会发展中，这一问题都是历任领导干部在工作中遇到的现实难题，也是福建生态文明建设需要解决的现实难题。

第一，资源依赖型经济带来资源消耗量大。

福建地处祖国的东南部，山多、地少、海阔、森林资源和海洋资源相对丰富。山地丘陵占80%以上，2022年全省森林覆盖率达65.12%，森林资源在各省中居首位，是全国木材市场的重要来源，被誉为“绿色的金库”。海岸线3752公里，是我国主要渔区之一；同时水系较为发达，共29个内河水系，流

域面积在50平方公里的有663条河流，较大的有闽江、九龙江、晋江和汀江等，水利储量在华东地区也居于首位。但福建耕地较少，1985年福建省耕地总面积为1891.82万亩，人均0.61亩，与我们传统所言“一亩三分地”的标准相差甚远。一方水土养一方人，八闽之子依靠“八山一水一分田”养活自己，但历史以来由于地处山区，经济结构相对单一，福建的发展更多依赖其自然资源，经济相对落后。明清时期福建省依靠海运成为对外开放的前沿，新中国成立前受海禁影响，交通闭塞、经济结构畸形，是沿海各省中经济较差省份之一。新中国成立后，自然经济占主导，农产品、茶、果、水产品等生产水平较低；全省没有铁路，能通车的公路也不及1000公里。经过第一个、第二个五年计划建设，福建各地发展了钢铁、化工、电力、纺织、塑料等产业，初步奠定了福建省现代化工业基础。在20世纪80年代，趁着改革开放的春风，福建省借助海上港口贸易的优势发展经济，经济结构逐渐从以农业为主发展为工业、第三产业为主，但其产业结构基本取决于自然资源的格局并没有发生改变，如农林牧渔和轻纺、造纸、采矿、旅游的发展。据统计“1984年全省农业总产值占工农业总产值的比重为41.3%……而且小农业（种植业）的产值占农业总产值近46.3%。同时用地面积占全省土地总面积70%的林业和超过全省陆地总面积的辽阔富饶的海域所产的渔业产品，其产值分别占农业总产值的8.6%和6.3%”❶。这意味着福建的经济社会未摆脱传统的发展阶段，“全省仍投入80%左右的自然资源和劳力，主要用来解决二千多万人的吃饭问题”❷。这使自然资源的消耗量大，1990年耕地总面积就下降到1854.8万亩。

第二，工业化过程中带来的环境问题。

当工业成为福建省主导产业时，其带来的环境问题也逐渐呈现出来。改革开放后，福建的工业和第三产业迅速发展，“80年代末工业产值开始超过农业，居主导地位。1994年国内生产总值中，农业增加值占22.1%，工业及建

---

❶ 福建经济年鉴（1985年）[M]. 福州：福建人民出版社，1985：70.

❷ 福建经济年鉴（1985年）[M]. 福州：福建人民出版社，1985：70.

筑业增加值占 43.9%，商业、运输业等第三产业增加值占 34.0%”[1]，出现了二三一的产业发展顺序。高能耗的工业成为产业主体，低能耗的第三产业和服务业发展相对滞后，比重偏低。当全省产业发展基本实现农业主导型向工业主导型的转变时，经济指标在全国排名逐渐居前列，2010 年全省地区生产总值为 14737.12 亿元，在全国排位由 1978 年的第 23 位上升到第 12 位，但生态问题依然较为严重。我们以三明为例来了解工业化带来的生态破坏。今天的绿色三明曾经是工业三明，1958 年三明作为福建重工业基地，钢铁厂、化工厂、水泥厂、机砖厂等开始筹建；在国家三线建设大政策下，1964 年全省工业进行调整，厦门的农药厂，福州的印染厂、机床厂、塑料厂，上海的纺织厂等都迁入三明。据统计，20 世纪 80 年代初，“三明市工业总产值 6.05 亿元，占工农业总值的 95.44%，仅次于福州、厦门两市。”[2]。快速的工业化进程使资源开发的力度大，“三废”（废水、废气、废渣）排放量大，青州造纸厂、三明农药厂、三明印染厂、福建水泥厂、三明塑料厂等都成为污染源头，不仅三明自身的生态环境遭到破坏，还严重影响周边县市。90 年代，三明钢铁厂的高污染严重影响居民生活，使三明成为全国重污染城市之一。同时随着小砖瓦、小水泥、小钢铁、小电镀、小造纸等乡镇企业的发展，环境污染也随之四处开花。为此，一任任福建地方干部都在试图走出高污染高排放的粗放式工业发展方式。

第三，城镇化过程中出现的环境问题。

城镇化是福建省发展的重要指标和目标，人口的集中、城市的扩大化带来了一些新的环境问题。这些问题主要表现在两个方面，一是人口的集中带来城市人居环境压力和能耗的增加。新中国成立初期，福建省全省人口为 1137.9 万人（1949 年），农村人口为 1059.6 万人，农村人口占比 93.12%；1990 年全省人口为 3037 万人，农村人口为 2508 万人，农村人口占比 82.58%。与此同时人口在福建各地区分布差异较大，东南沿海多，西北山区少，人口的聚集带来相应的城市环境治理难度的加大和能耗的增加，这些问题在福州、厦门已

---

[1] 福建年鉴（1995 年）[M]. 福州：福建人民出版社，1995：14.

[2] 三明环境保护局. 三明环保志 [Z]. 三明：三明环境保护局，1999：3.

经呈现出来。二是城镇扩大化带来农业耕地和森林面积的减少。1949 年福建省耕地为 2175.4 万亩，1990 年耕地就下降到 1854.8 万亩，其中固然有退耕还果、还渔、改林、改茶的原因，但城镇化过程中对耕地的侵占不可忽视。

总体来说，全球工业化生产方式带来的生态危机引发了发展困惑，国内现代化高速发展带来了环境困境，福建省在改革开放浪潮中的迫切发展面临要经济还是要环境的两难选择。这些是习近平当年在福建工作期间需要直接面对的既宏观而又具体的时代问题，也是福建生态文明建设需要解决的既宏大而又具体的现实命题。

第二节　理论逻辑：福建生态文明建设的理论基础

思想指引行动，理念带来变化，福建生态文明建设取得一定成效，并不仅仅因为其得天独厚的自然条件，更因为福建省在推进生态文明建设有其特定的理论资源和科学的思想指引。福建省党员干部不断汲取各种思想资源指导生态文明建设，马克思主义关于人与自然关系的思想、党的环境保护思想、传统文化中的生态智慧都是其重要的思想资源，也是福建省推进生态文明建设的理论逻辑。

一、马克思主义关于人与自然关系的思想

在马克思、恩格斯著作中没有直接对生态文明的表述，但其中人与自然关系的思想极其丰富。马克思揭露了资本主义掠夺式开发带来的自然生态恶化，并在吸收前人自然观和 19 世纪自然科学的基础上，形成了系列关于人与自然关系的观点和范畴，概括地说主要包括人是自然的一部分、人要尊重自然，批判资本主义生产关系带来的自然生态恶化，构建人与自然和解的共产主义社会。这些指导着福建省干部一任接着一任接续开展生态文明建设。2018 年在

马克思诞辰200周年纪念大会上，习近平总书记号召大家要“学习马克思，就要学习和实践马克思主义关于人与自然关系的思想”❶。

第一，人是自然的一部分，人类需要尊重自然。

历史长河中人类经历了畏惧自然、依赖自然、挑战自然的过程，“人是自然的奴仆还是自然的主人”曾是一个争论不止的问题。马克思辩证认识二者关系，提出人是自然的一部分，人通过物质交换与自然保持生态平衡，人与自然辩证统一。

首先，人是自然的一部分。自然为人类提供生活和生产资料，人源于自然、生于自然、长于自然。作为自然人，每个人都脚踏大地、头顶蓝天、呼吸空气、饮用水源和摄取食物，自然为人类生存提供栖息地和延续生命的物质。马克思曾指出，“自然界，就它自身不是人的身体而言，是人的无机身体。人靠自然界生活。这就是说，自然界是人为了不致死亡而必须与之处于持续不断的交互作用过程的、人的身体”❷。这是因为“人在肉体上只有靠这些自然产品才能生活，不管这些产品是以食物、燃料、衣着的形式还是以住房等等的形式表现出来”❸，恩格斯进一步指出“我们连同我们的肉、血和头脑都是属于自然界和存在于自然界之中的”❹。显然马克思、恩格斯都认为人是自然的一部分，人肉体的存在和精神的生活都要与自然发生联系，可以说人类个体生命的延续和人类整体文明的延续都离不开自然，马克思曾指出“只要有人存在，自然史和人类史就彼此相互制约”❺。这也是马克思研究人类社会发展规律的重要起点。

其次，人与自然辩证统一。虽然人是自然的一部分，但人在自然面前既是受动的存在，也是能动的存在。一是马克思认为人与其他动植物一样是受动的

---

❶ 习近平．在纪念马克思诞辰二百周年大会上的讲话［N］．人民日报，2018－05－05（2）．
❷ 马克思，恩格斯．马克思恩格斯文集（第一卷）［M］．北京：人民出版社，2009：161．
❸ 马克思，恩格斯．马克思恩格斯文集（第一卷）［M］．北京：人民出版社，2009：161．
❹ 马克思，恩格斯．马克思恩格斯文集（第九卷）［M］．北京：人民出版社，2009：560．
❺ 马克思，恩格斯．马克思恩格斯文集（第一卷）［M］．北京：人民出版社，2009：516．

存在。作为对象性的存在物，自然是不依赖人类而客观存在的，相反人类依赖自然而存在。二是人“具有自然力、生命力，是能动的自然存在物；这些力量作为天赋和才能、作为欲望存在于人身上”[1]，这也是人区别于其他动植物的地方。人所拥有的自然力和生命力使其能按照任何一个种的尺度进行生产，人在改造自然时加上了人的主观意志，这是人区别于动植物的重要方面，故马克思指出“人也按照美的规律来构造”[2]。在文明的进程中，虽然人类史和自然史交织在一起，但随着人类的能力提升，双方关系从顺从走向对抗和征服。2018 年 5 月 18 日，习近平在全国生态环境保护大会讲话中提及恩格斯关于自然被破坏的论述，其中就蕴含着恩格斯丰富的生态思想。人类为了得到耕地，毁灭了森林，失去了森林，也就失去了水分的积聚中心和贮藏库，[3] 显然征服大自然，纯粹是幻想的物。人类利用自然、改造自然需要遵循自然规律，恰如恩格斯所说，“对我来说，事情不在于把辩证法规律硬塞进自然界，而在于从自然界中找出这些规律并从自然界出发加以阐发”[4]。尊重自然、保护自然是人类改造自然重要的前提，只有遵循自然规律的生产才是属人的生产，即“通过这种生产，自然界才表现为他的作品和他的现实”[5]。显然人是自然的一部分，人依赖自然而生，人需要尊重自然、保护自然，遵循自然规律改造自然。

第二，批判资本主义生产关系带来的环境问题。

19 世纪资本主义工业生产迅速扩张，超越了自然的承载力，其生产开发的深度、广度、速度都超越了生态系统自我循环能力，带来水源的破坏、土壤的污染、空气的污浊、人类健康的受损。这些马克思都曾亲历，因此他提出资本主义生产是环境污染的主要原因，并对自然环境污染、城市环境污染及工人生活环境的恶化进行批判。

---

[1] 马克思，恩格斯．马克思恩格斯文集（第一卷）［M］．北京：人民出版社，2009：209.
[2] 马克思，恩格斯．马克思恩格斯文集（第一卷）［M］．北京：人民出版社，2009：163
[3] 习近平．推动我国生态文明建设迈上新台阶［J］．求是，2019（3）：6.
[4] 马克思，恩格斯．马克思恩格斯文集（第九卷）［M］．北京：人民出版社，2009：15.
[5] 马克思，恩格斯．马克思恩格斯文集（第一卷）［M］．北京：人民出版社，2009：163.

首先，批判资本对自然环境的破坏。文明这一概念本身意味着人类改造自然所取得的属于人类的成果，不可避免对自然产生作用力，但关键在于区别这种作用力是正作用力还是副作用力。马克思既从人类活动的一般意义上阐明人类对自然的破坏，分析农业文明时期人类的劳作对森林的破坏，还从当下具体的生产关系阐述工业文明、资本主义生产关系的劳动实践对自然环境的破坏，指出在资本主义生产关系下“文明和产业的整个发展，对森林的破坏从来就起很大的作用，对比之下，它所起的相反的作用，即对森林的护养和生产所起的作用则微乎其微”❶。人与自然的关系总是具体地存在于各种生产关系之中，以工业生产为主导的资本主义社会，一方面以机器为代表的生产对自然索取的速度和数量都超越于前人，另一方面以资本为主导的生产关系对自然索取的需求无限度，两者的结合使得自然受伤害程度急剧提高，正如恩格斯所言，“当一个资本家为着直接的利润进行生产和交换时，他只能首先注意到最近的最直接的结果……当西班牙的种植场主在古巴焚烧山坡上的森林，认为木灰作为能获得最高利润的咖啡树的肥料足够用一个时代时，他们怎么会关心到，以后热带的大雨会冲掉毫无掩护的沃土而只留下赤裸裸的岩石呢？”❷

其次，揭露工业生产对城市环境的污染破坏。工业的发展带来人口加速向城市集中，城市成为生产、生活的重要空间，但重生产、轻环境治理使城市污染严重。马克思指出工业化的生产带来了人口的集中、空气的污浊，提出：“伦敦的空气永远不会像乡村地区那样清新，那样富含氧气。250 万人的肺和 25 万个火炉挤在三四平方德里的面积上，消耗着大量的氧气，要补充这些氧气是很困难的，因为城市建筑形式本来就阻碍了通风。”❸ 恩格斯也曾客观地描述工业生产对城市环境的破坏，如工业化的生产使得河水又黑又臭，污浊不堪了。工业化的生产使城市空气污浊，不再清新，雾都伦敦因此而“闻名遐迩”。

最后，揭露工人生产和生活环境逐渐恶化。资本主义工业化看似代表人类

---

❶ 马克思，恩格斯. 马克思恩格斯文集（第六卷）[M]. 北京：人民出版社，2009：272.
❷ 马克思，恩格斯. 马克思恩格斯选集（第三卷）[M]. 北京：人民出版社，1972：520.
❸ 马克思，恩格斯. 马克思恩格斯文集（第一卷）[M]. 北京：人民出版社，2009：409-410.

文明的方向，但参与工业化生产的工人不但生产条件更恶劣，而且生活条件也恶化。当工厂代替农田，室内代替旷野，机器代替手工后，工人就在通风条件不好、尘埃密布的车间进行生产。马克思曾描述了工人的生产车间，即“人为的高温，充满原料碎屑的空气，震耳欲聋的喧嚣等等，都同样地损害人的一切感官，更不用说在密集的机器中间所冒的生命危险了。这些机器像四季更迭那样规则地发布自己的工业伤亡公报”❶，“在混棉间、清棉间和梳棉间里，棉屑和尘埃飞扬，刺激人的七窍，引起咳嗽和呼吸困难”❷。工人的生活条件也极其恶劣，成为流行病的发源地，马克思指出“大城市工人区的垃圾和死水洼对公共卫生造成最恶劣的后果，因为正是这些东西散发出制造疾病的毒气；至于被污染的河流，也散发出同样的气体。但是问题还远不止于此”❸。恩格斯在《论住宅问题》中对此也进行论述，提出“现代自然科学已经证明，挤满了工人的所谓‘恶劣的街区’，是不时光顾我们城市的一切流行病的发源地”❹。

显然资本主义生产关系下生产目的从使用价值变为交换价值，自然是资本增值的生产资料，改变了人与自然正常的关系，人成为自然的主人，开始肆意改造自然。为此马克思提出我们应该建构出真正属人的“人化的自然界”。

第三，在共产主义社会实现人与自然的解放。

人与自然关系不是抽象的存在，而是具体地存在于生产关系之中，要使人与自然的关系回归正常需要改变生产关系。马克思挖掘到人与自然关系的本质，提出“人对自然的关系直接就是人对人的关系”❺。为此马克思在批判资本主义生产关系下人和自然双重异化的基础上提出共产主义社会。马克思认为资本主义生产使得工人成为自然的奴隶，在生产中“工人的产品越完美，工人自己越畸形……劳动越机巧，工人越愚钝，越成为自然界的奴隶”❻，“异化

❶ 马克思，恩格斯. 马克思恩格斯文集（第五卷）[M]. 北京：人民出版社，2009：490.
❷ 马克思，恩格斯. 马克思恩格斯文集（第五卷）[M]. 北京：人民出版社，2009：526.
❸ 马克思，恩格斯. 马克思恩格斯文集（第一卷）[M]. 北京：人民出版社，2009：410.
❹ 马克思，恩格斯. 马克思恩格斯文集（第三卷）[M]. 北京：人民出版社，2009：272.
❺ 马克思，恩格斯. 马克思恩格斯文集（第一卷）[M]. 北京：人民出版社，2009：184.
❻ 马克思，恩格斯. 马克思恩格斯文集（第一卷）[M]. 北京：人民出版社，2009：158.

劳动，由于（1）使自然界同人异化，（2）使人本身，使他自己的活动机能，使他的生命活动同人相异化，因此，异化劳动也就使类同人相异化；对人来说，异化劳动把类生活变成维持个人生活的手段”❶。这种异化的劳动使得人的类本质发生异化。显然资本带来了人与自然的双重异化，如何解决两大异化问题，马克思进行了思考并给出了答案。马克思提出通过调整生产关系解决此矛盾，提出在共产主义社会，在生产资料公有的基础上进行生产，才能实现自然的解放和人的解放，即“这种共产主义，作为完成了的自然主义，等于人道主义，而作为完成了的人道主义，等于自然主义，它是人和自然界之间、人和人之间的矛盾的真正解决，是存在和本质、对象化和自我确证、自由和必然、个体和类之间的斗争的真正解决”❷。

显然马克思主义的人与自然关系思想深深影响着习近平，2001 年在《对发展社会主义市场经济的再认识》中论述经济社会活动主体时，他就提及“人依赖于自然，却又在不断否定自然，人受制于必然，却又享受着自由”❸。在福建工作期间习近平多次提出要构建人与自然和谐的关系，2002 年 5 月在《正确把握发展大势，加快福建经济发展》文中将生态省建设总体目标表述为“人与自然和谐相处的生态文明的省份”❹，2002 年 7 月在全省环保大会上提出把福建建设成为“人与自然和谐相处的经济繁荣、山川秀美、生态文明的可持续发展省份”❺。

二、中国共产党的环境保护思想

当环境问题初显时，中国共产党就极为重视环境保护工作，根据经济发展

---

❶ 马克思，恩格斯．马克思恩格斯文集（第一卷）［M］．北京：人民出版社，2009：161－162.

❷ 马克思，恩格斯．马克思恩格斯文集（第一卷）［M］．北京：人民出版社，2009：185.

❸ 习近平．对发展社会主义市场经济的再认识［J］．东南学术，2001（4）：34.

❹ 习近平．正确把握发展大势，加快福建经济发展［J］．中共福建省委党校学报，2002（5）：9.

❺ 习近平．全面推进生态省建设，争创协调发展新优势——在全省环保大会上的讲话［C］//吴城．新世纪福建环保．福州：海潮摄影艺术出版社，2003：6.

和环境保护矛盾不断调整和制定环境政策来指导解决这一问题，形成了中国共产党的环境保护思想，推动中国摆脱“先发展、后治理”的老路。在福建工作期间，习近平同志主要以历代领导人的环境保护思想为理论基础和思想资源开展生态文明建设，每一代领导人的环境保护思想既相互联系也随着时代在发展。

第一，以毛泽东同志为主要代表的中国共产党人的环境保护思想。

新中国成立初期环境问题随着经济发展而来，党的领导人逐渐意识到环境保护工作的重要性，形成了独特的环境保护思想。毛泽东重视水利建设，开展了系列的治水与保持水土工作，如治理梅河、黄河，1957 年国家成立全国水土保持委员会，制定通过《中华人民共和国水土保持暂行纲要》；毛泽东还多场合提出要做好绿化工作，多次在全国倡导植树造林工作，向全国发出“绿化祖国”的号召，强调林业发展的重要性，提出“要发展林业……林业以后才是牧业、渔业，蚕桑、大豆要加上。林业是化学工业、建筑工业的基础”❶。周恩来也利用各种机会强调环境保护的重要性，强调一定要在工业建设的同时，抓紧解决污染问题，绝不要做贻害子孙后代的蠢事。1971 年 4 月，周恩来指出“经济建设中的废水、废气、废渣不解决，就会成为公害。发达的资本主义国家公害很严重，我们要认识到经济发展中会遇到这个问题，采取措施解决”❷；1972 年 6 月，周恩来还组织代表参加联合国第一次人类环境会议，甚至在病危之际他还提出“在发展经济的同时，还要注意保护好森林和各种自然资源，要造福于我们的子孙后代”❸。1973 年 8 月，召开了第一次全国环境保护大会，会议审议通过了第一个环境保护文件《关于保护和改善环境的若干规定》。为了推进具体环境治理工作，1974 年 10 月，国务院成立了环境保护领导小组，专门负责领导环境保护工作。

---

❶ 中共中央文献研究室. 毛泽东论林业［M］. 中央文献出版社，2003：57.

❷ 中共中央文献研究室. 周恩来年谱（1949—1976）（下卷）［M］. 北京：中央文献出版社，1997：448.

❸ 中共中央文献研究室. 周恩来年谱（1949—1976）（下卷）［M］. 北京：中央文献出版社，1997：718.

第二，以邓小平同志为主要代表的中国共产党人的环境保护思想。

随着经济的发展，环境问题也逐渐加重。邓小平一方面继续倡导植树造林，推动林业经济的发展，提倡设立植树节，推动绿化祖国工作，另一方面不断推动环境治理制度规范的完善、思考探索如何摆脱“先发展、后治理”的发展道路。为此，邓小平主要从以下几个方面着手，一是制定法律制度和具体政策保护环境。随着“三废”污染升级，党和国家开始从规范性法律和政策着手推进相关工作，相关法律制度从无到有，从有到不断完善。具体如 1978 年，将环境保护列入我国《宪法》，这是我国环境保护立法的起点，1979 年制定出台《中华人民共和国环境保护法（试行）》，1982 年制定出台《中华人民共和国海洋环境保护法》，1984 年制定出台《中华人民共和国森林法》等。除了相关法律，还制定了具体的环境治理政策推进环境治理工作，1983 年国务院召开第二次全国环境保护会议，确立了“经济建设、城乡建设和环境建设要同步规划、同步实施、同步发展，做到经济效益、社会效益、环境效益相统一”的指导方针，明确了环境保护三大政策；1989 年第三次环保会议召开，提出积极推行深化环境管理八项制度等❶，明确了环境治理的方法和主体责任等。这些政策科学性和可落实性强，取得了一定的治理成效。二是在推行环境保护政策中，不断地反思并调整经济发展和环境保护的关系和地位，在各类文件中强调要把环境保护纳入国家经济建设之中。1987 年在党的十三大报告中提出“在推进经济建设的同时，要大力保护和合理利用各种自然资源，努力开展对环境污染的综合治理，加强生态环境的保护，把经济效益、社会效益和环境效益很好地结合起来”❷。这些都是党和政府对经济发展和环境保护矛盾协调的前期探索，基本思路是在发展经济的同时解决环境问题。

---

❶ 三大政策即预防为主、防治结合、综合治理，谁污染、谁治理，强化环境管理；八项管理制度即“三同时”制度、环境影响评价制度、排污收费制度、城市环境综合整治定量考核制度、环境保护目标责任制度、排污申报登记与排污许可证制度、限期治理制度、污染集中控制制度。见中华人民共和国中央人民政府．新中国 60 年：环境保护成就斐然［EB/OL］．（2009－09－29）［2022－02－21］．https：//www.gov.cn/test/2009－09/29/content_1429587.htm.

❷ 中共中央文献研究室．十三大以来重要文献选编（上）：沿着有中国特色的社会主义道路前进［M］．北京：中央文献出版社，2011：21－22.

第三，以江泽民同志为主要代表的中国共产党人的环境保护思想。

伴随着经济的全球化，环境问题也逐渐全球化，国际社会提出可持续发展战略试图解决发展和环境的矛盾。可持续发展概念源于联合国世界环境与发展委员会，它指既满足当代人的需求，但又不对后代人的需求产生威胁，在产业升级和优化过程中保护自然，使经济社会有序且持续发展。1981 年美国经济学家莱斯特·R. 布朗在其著作《建设一个可持续发展的社会》中首先提出可持续发展的问题，1987 年联合国世界环境与发展委员会在《我们共同的未来》中第一次科学定义可持续发展概念，1992 年6 月通过了《21 世纪议程》，向全球提出可持续发展战略，李鹏代表中国政府参加了此次会议，并签署了《环境与发展宣言》，当年我国就宣布实施此战略。可持续发展在一定程度上是落实环境保护政策的一项重要战略，对解决经济发展和环境保护有重要指导作用。我国主要在以下几个方面探索可持续发展道路，一是充分借鉴国际可持续发展理念，并赋予新的内涵。可持续发展作为发展理念如何与各国实际相结合是一个难题，中国既面临着发展问题，满足人民物质生活需求是我们的发展目标，又面临着生产力落后、人口众多、人均资源匮乏的问题，为此我们需要赋予可持续发展新的内涵，使其在中国切实可行。江泽民一方面指出我们的发展要考虑未来，不能牺牲后代人利益；另一方面也提出“坚持可持续发展战略，正确处理经济发展同人口，资源，环境的关系”[1]。二是建立适合国情的可持续发展指标体系，推行 ISO 14000 环境管理体系，并用指标体系来衡量指导各地在发展经济时采取措施降低环境污染。1995 年国家开始在县级市创办生态县；20 世纪 90 年代后期开始创建生态城市，如大连、厦门；之后地方省域则开始提出创建生态省。这些充分体现了我国可持续发展战略将经济、社会、生态要素纳入综合决策的发展思路，也体现了可持续发展在中国逐渐从概念走向实践的过程。2001 年 9 月习近平在《发展经济学与发展中国家的经济发展——兼论发展社会主义市场经济对发展经济学的理论借鉴》一文中指明：

---

[1] 江泽民. 江泽民文选（第三卷）[M]. 北京：人民出版社，2006：295.

"可持续发展理论能够使不同的市场经营主体在市场经济发展中高度重视环境和资源保护问题，促进生态平衡，保护自然资源永续利用等等。"[1] 2002 年习近平接受《中国环境报》记者采访时指出："建设生态省的总体目标，实质上就是把可持续发展战略在福建具体化。"[2]

第四，以胡锦涛同志为主要代表的共产党人的环境保护思想。

党的十六大之后，伴随着我国工业化和城镇化的快速发展，资源消耗量逐渐增加，经济发展和环境保护的矛盾愈加凸显，如何实现可持续发展，如何进一步推进发展成为时代难题。胡锦涛主要从三个方面推进此问题的解决。一是提出科学发展观。在经济快速发展的过程中人的发展、环境难题相对被忽视。但发展到底为了什么？2003 年 10 月，胡锦涛提出要"坚持以人为本，树立全面、协调、可持续的发展观，促进经济社会和人的全面发展"[3]。这凸显了发展目的是人的发展，是人与自然的和谐相处。二是提出转变经济增长方式。受生产条件限制，在追求经济发展时人们采取的多是粗放型发展方式，资源利用率低、污染严重。什么才是好的发展方式呢？2004 年，胡锦涛指出各地区"在推进发展的过程中，要抓好资源的节约和综合利用，大力发展循环经济"[4]，在实践中他也不断推动循环经济的发展，使经济增长的质量和效益得到提高并逐渐统一。在党的十七大报告中，胡锦涛还强调要建设资源节约型、环境友好型社会，指出："必须把建设资源节约型、环境友好型社会放在工业化、现代化发展战略的突出位置。"[5] 这为经济增长方式的转型提供了新方向和新思路，环境要素在经济社会发展中愈显重要。三是提出生态文明建设战

---

[1] 习近平．发展经济学与发展中国家的经济发展——兼论发展社会主义市场经济对发展经济学的理论借鉴［J］．福建论坛，2001（9）：7.

[2] 生态省将让八闽充满生机——访福建省省长习近平［N］．中国环境报，2002－06－26.

[3] 中共中央文献研究室．十六大以来重要文献选编（上）［M］．北京：中央文献出版社，2005：465.

[4] 胡锦涛．把科学发展观贯穿于发展全过程，坚持深化改革优化结构提高效益［N］．人民日报，2004－05－07（1）.

[5] 胡锦涛．高举中国特色社会主义伟大旗帜，为夺取全面建设小康社会新胜利而奋斗［N］．人民日报，2007－10－16（1）.

略。经济发展和环境保护的矛盾是人与自然关系冲突的表现，如何从根本上解决问题需要构建新型的人与自然关系，需要构建新的文明形态。胡锦涛在党的十七大报告中提出“建设生态文明，基本形成节约能源资源和保护生态环境的产业结构、增长方式、消费模式……生态文明观念在全社会牢固树立”[1]，“坚持生产发展、生活富裕、生态良好的文明发展道路，建设资源节约型、环境友好型社会……使人民在良好生态环境中生产生活，实现经济社会永续发展。”[2] 这些使得生态文明建设成为国家发展重要战略，在实践中胡锦涛还将生态文明建设逐渐纳入中国特色社会主义事业“五位一体”总布局中。这些举措使经济发展方式逐渐走向绿色、低碳、循环，产业结构、增长方式、消费方式也逐步得到改变，生产发展、生活富裕、生态良好的文明发展道路也越走越宽。

党的环境保护思想为福建省生态文明建设提供了重要的指导，也为习近平在福建工作期间的探索实践提供了坚实的理论基础和直接的政策指导。习近平在正定工作时曾说：“现在回过头来想一想，如果说我们做到了什么，其中之一就是做到了解放思想这一条。做到这一条并不是因为我们本事大，而是从心里有一种想和中央保持一致的觉悟和愿望，有这么一颗诚心，试着去学、去闯。”[3] 在福建工作期间习近平以党的环境保护政策为指导开展具体的环境保护工作，在其讲话稿、战略规划、著作中都提及党的环境保护政策，福建省历任干部也以此为指导开展生态文明建设。

三、中国传统文化中的生态智慧

中国传统文化蕴含着丰富的生态智慧，也是福建生态文明建设重要的文化

---

[1] 胡锦涛. 高举中国特色社会主义伟大旗帜，为夺取全面建设小康社会新胜利而奋斗［N］. 人民日报，2007－10－16（1）.

[2] 胡锦涛. 高举中国特色社会主义伟大旗帜，为夺取全面建设小康社会新胜利而奋斗［N］. 人民日报，2007－10－16（1）.

[3] 央视网. 习近平的改革足迹——正定［EB/OL］.（2018－12－11）［2022－12－20］. https：//www. chinanews. com. cn/gn/2018/12－11/8698454. shtml.

土壤。传统生态智慧主要包括天人合一思想、自然“无为”思想、以时禁发的节用思想等，它们都潜在地对福建生态文明建设的探索实践产生一定的文化影响。在正定工作期间习近平就提出我们对于自然资源的利用应有一粥一饭，当思来之不易；半丝半缕，恒念物力维艰的高度节约精神[1]；在厦门工作期间他说：“我来自北方，对厦门的一草一石都感到是很珍贵的，厦门是属于祖国的、属于民族的，我们应当非常重视和珍惜，好好保护，这要作为战略任务来抓好。”[2] 到浙江省工作后习近平进一步指出：“人类追求发展的需求和地球资源的有限性供给是一对永恒的矛盾。古人‘天育物有时，地生财有限，而人之欲无极’的说法，从某种意义上反映了这一对矛盾。”[3] 传统生态智慧贯穿了习近平探索生态文明实践始终，也是福建生态文明建设的文化土壤。

第一，天人合一的生态思想。

天人合一是传统文化的重要思想，古人认为万物共存于有机的统一体中，人生的追求在于天人合一。《孟子·尽心上》的“上下与天地同流”，《荀子·天论》的“万物各得其和以生，各得其养以成”，《淮南子·精神训》的“天地运而相通，万物总而为一”，朱熹的“天地一物，内外一理，流通贯彻”等都是天人合一思想，而且“万物并育而不相害，道并行而不相悖”（《中庸》）。天人关系在传统文化中被赋予不同的意义，如物质之天与人的关系，人格之天与人的关系，运命之天与人的关系，自然之天与人的关系，这其中物质之天和自然之天都蕴含着生态智慧。这主要表现在两方面，一是天具有先在性。如“大哉乾元，万物资始，乃统天”（《易经》），“四时行焉，百物生焉”（《论语·阳货》），“天地位焉，万物育焉”（《中庸》），“天地人，万物之本也。天生之，地养之，人成之”（《春秋繁露·立元神》）等。这些都表达了天先于人而存在，其中天还多指本体意义上的自然之天，天地运行，万物随其性而生长

---

[1] 习近平．知之深 爱之切［M］．石家庄：河北人民出版社，2015：140.

[2] 新华网．习近平同志推动厦门经济特区建设发展的探索与实践［EB/OL］．（2018－06－22）［2021－05－03］．http：//www. xinhuanet. com/politics/leaders/2018－06/22/c_1123022140. htm.

[3] 习近平．之江新语［M］．杭州：浙江人民出版社，2007：118.

发育。二是尊重自然、循人道来致天道。哲人们常通过探究天人关系来探寻人生的价值和意义，如“天人合德”“道法自然”“知天畏命”“天人感应”等思想，主张人与自然的相融、相通。《中庸》的“致中和，天地位焉，万物育焉”，孟子的“仁者以天地万物为一体”等还表达了人应循天道而为，人与天地之间万物各居其位，万物才能发育生长。今天看来这些思想充满着大智慧，在表达不同人生之道时，表达了人与自然万物的共生，为今天人与自然和谐共生提供了重要的生态智慧。在《论语·雍也》中孔子还提出“知者乐水，仁者乐山”，表述了对大自然的热爱并企盼生活融于自然。2001 年习近平在《对发展社会主义市场经济的再认识》中就指明：“中国自古以来就有‘天人合一’的古老哲学命题……‘天人合一’就是大自然与人浑然结合为一体，也即强调人与自然的和谐统一。在‘天人合一’的命题中，天与人并未有主从之分。”❶

第二，顺应自然的“无为”思想。

天人和谐共生，但万物皆统于天，人类应顺应自然。前人对于如何顺应自然有两种思路，一种是积极有为达到顺应自然，如“夫大人者，与天地合其德”（《易经》），提出厚德才能载物。另一种是“无为”达到顺应自然。老子认为万物不仅源于天，也源于道，“天、地、人和万物都源于道”“道生万物”“为天地母”（《老子》），道先于万物而存在，道是宇宙本源，是万物遵循的普遍法则；万物都是平等而无差别的，人类自然无为即可，这与人类中心主义形成鲜明区别。但“道本静虚，顺应自然，复归静虚，复归婴儿，存归自然”，显然无为并不是真无为，而是遵循自然而为。在人与自然之间，自然之道决定人类只有遵循自然之道，使万物依自然规律生存与发展，人类才可存归自然，最终实现天、地、人并生。学者们认为这种道法自然是一种深层次的生态学，但又与西方生态学有所不同，老子强调遵循自然之道，按照自然万物的本性去爱护并利用自然，恰如“人法地，地法天”，最终达“天地与我并生，而万物

---

❶ 习近平. 对发展社会主义市场经济的再认识［J］. 东南学术，2001（4）：35.

与我为一”（《庄子·齐物论》）。顺应自然之道的思想看似“无为”实则表达了“有为”的人道，恰如老子所言，“天之道，损有余而补不足。人之道则不然，损不足以奉有余”，老子在批判人之道的同时彰显了顺应自然之道的思想，蕴含着万物和人是平等主体，且是统一于道之中的有机整体，蕴含着丰富的生态哲学。

第三，以时禁发的节用思想。

古人注重时节、取物有时的思想也极为丰富，这种朴素的合理利用资源思想今天依然值得借鉴。这种思想也表现在两方面，第一种是主张顺应天时，取之有时、取之有度。如“天地节而四时成，节以制度，不伤财，不害民”（《易经》），“不时不食”“子钓而不纲，弋不射宿”（《论语》），“数罟不入洿池，鱼鳖不可胜食也”（《孟子·梁惠王上》）。显见古人很早就认识到自然资源的有限性，提出节制用度，今人“封山育林、休渔、休猎、休耕”等现代生态保护理念是其延续。第二种是弃土弃利的消费观。古人的生态观中也蕴含物质观、人生观，他们往往轻利而重德行修养。因为万物生长于土壤，古人将土指财富，如“君子怀德，小人怀土”。《易经》倡导厚德载物，颜回的“一箪食，一瓢饮，在陋巷，人不堪其忧，回也不改其乐”得到孔子的称赞，这些都体现了古人重德轻物的消费思想。孔子还主张节约简朴，提出“礼，与其奢也，宁俭”。在今天看来，他们是追求价值理性、抛弃工具理性的代表。道或德是古人孜孜不倦的人生追求，并且所追求的道简约而丰富，即使不被人理解，也不后悔，至死都不改变自己的道德节操。老子对物质则更为超脱，对五色、五味、五音、驰骋畋猎都少私寡欲，绝学无忧。显然这些于今天人们对物质过度追求有重要的启示作用，也成为习近平珍惜自然、绿色消费思想的重要的文化土壤。2002 年 8 月 25 日，习近平在福建生态省论证大会上就提出：“我曾在西部生活过多年，深知环境恶化的灾害。拥有秀美山川而不知道珍惜，无疑是暴殄天物！”[1]

---

[1] 段金柱，赵锦飞，林宇熙．滴水穿石 功成不必在我——习近平总书记在福建的探索与实践·发展篇［N］．福建日报，2017－08－23（2）．

可以说，马克思主义丰富的人与自然关系思想、中国共产党的环境保护思想、传统文化中的生态智慧等既是福建探索生态文明建设的思想之源，也是福建生态文明建设生成的重要理论逻辑。

第三节　实践逻辑：福建生态文明建设的实践基础

虽然经济发展和环境保护的矛盾自工业化以来就相伴而产生，但福建省党员干部始终对经济发展和环境保护、人与自然关系在理论和实践上不懈探索。在福建工作期间，习近平科学分析了人与自然关系，推动环境治理和绿色产业协同发展，坚持生态优先部署产业发展、重新思考青山绿水的价值、科学规划生态空间、倡导并重视生态文化，在统筹推进经济发展和环境保护中探索可持续发展道路。这些探索是党和国家的宝贵财富，也是福建生态文明建设的实践逻辑。2018 年 5 月，习近平总书记在第八次全国生态环境保护大会上重述生态环境保护工作的重要性[1]，他的思考和决策为其工作过的地方带来了重大变化，也为福建生态文明建设提供了重要的实践基础。福建干部以之为行动遵循，一任接着一任干，久久为功，持续不断地建设美丽福建。

一、加强环境保护制度建设为福建生态文明建设制度化提供实践经验

生态环境的治理需要根据自然的公共性和系统性建立系统的体制机制，发挥政策的驱动力和约束力，环境保护制度的制定和创新也是人类作用于人与自然关系的重要方式。习近平在福建工作期间就注重用生态制度和机制创新来推

[1] 习近平．推动我国生态文明建设迈上新台阶［J］．求是，2019（3）：6.

动生态文明建设。在厦门工作期间，当看到人们开山取石、挖沙取土导致山头秃滩底露时，他提出厦门市人大要做好厦门城建和环保的监督工作，要求建立层层责任制；在宁德工作时，他要求稳妥扎实完善林业责任制和健全林业经营体制，并肯定周宁县黄振芳的家庭林场；担任福州市委书记时，他提出“食品来源必须可靠，要建立健全可追溯机制”❶，在其主持编制的《福州市20年经济社会发展战略设想》中还提出“大力发展股份合作制林业”“建立健全林业基金制度”❷；担任福建省领导期间，他一方面推进生态立法，为生态治理提供法律依据，如2001年颁布《福建省农药管理办法》《福建省九龙江流域水污染防治与生态保护办法》，另一方面注重体制机制创新，提出要将“生态省建设任务纳入行政首长目标责任制”❸，要“推行生态审计制度，对领导干部任期内的区域生态环境质量以及所出台相关政策的生态环境影响进行审计。要制定实施领导干部实绩考核规定，将建设生态省目标任务的完成情况列为评价政府和干部政绩的重要内容，作为衡量一个地方政府政绩大小的重要指标”❹，要“探索实行收益地区对保护地区的生态补偿制度，健全资源有偿使用制度，建立生态环境恢复治理保证金制度”❺，并有效地推动九龙江流域生态补偿制度的落实，如在居于九龙江上下游的厦门和龙岩之间落实生态补偿制度，由受益于洁净水源的厦门给予龙岩资金补偿进行养殖业无害化处理。习近平还提出要“坚持各类非农建设用地补偿制度，合理开发利用土地后备资源，确保全省耕地总量的动态平衡”❻，“要保护耕地，必须运用好各种法律武器切实加大依法行政的力度，严惩土地违法犯罪者，真正做到破坏耕地违法必究。

---

❶ 中央党校采访实录编辑室．习近平在福州［M］．北京：中共中央党校出版社，2020：397.

❷ 习近平．福州市20年经济社会发展战略设想［M］．福州：福建美术出版社，1992：126.

❸ 习近平．全面推进生态省建设 争创协调发展新优势——在全省环保大会上的讲话［C］//吴城．新世纪福建环保．福州：海潮摄影艺术出版社，2003：10.

❹ 习近平．全面推进生态省建设 争创协调发展新优势——在全省环保大会上的讲话［C］//吴城．新世纪福建环保．福州：海潮摄影艺术出版社，2003：10.

❺ 习近平．全面推进生态省建设 争创协调发展新优势——在全省环保大会上的讲话［C］//吴城．新世纪福建环保．福州：海潮摄影艺术出版社，2003：10.

❻ 习近平．2002年福建经济工作的重点和任务［J］．发展研究，2002（1）：10.

同时，要实施动态巡回监察制度”❶。为解决餐桌污染问题，使老百姓吃得放心，习近平推动建立了食品安全考核评价体系。在习近平支持下，福建省在全国率先颁布条例对沿江河湖泊的一重山范围内划出畜禽养殖禁养区，全面实施海洋功能区划、海域使用权属管理和海域有偿使用制度。2002 年 6 月，习近平肯定并推广武平林改，在他的推动下，林权改革从武平走向福建，从福建走向全国，为全国林改提供了经验。在他赴任浙江后依然关注福建林权改革，与前往看望他的林业干部提出“确权到户后，要注意发现新矛盾、研究新问题，比如钱从哪里来……树要怎么砍……单独单户怎么办”❷ 等体现顶层设计的理念，为林权改革进一步推进提供了遵循。这些做法不仅对福建省继续深化生态文明机制和体制创新有引领作用，而且为福建生态文明建设制度化理念提供了实践经验。2018 年 5 月，在全国生态环境保护大会上习近平总书记指出：“用最严格制度最严密法治保护生态环境……要加快制度创新，增强制度供给……让制度成为刚性的约束和不可触碰的高压线。”❸

二、协同推动生态和产业融合发展为福建生态文明建设提供实践路径

人与自然是生命共同体、山水林田湖草沙是生命共同体等是习近平生态文明思想的重要内容，从方法论上可以发现在福建工作期间习近平已经娴熟地运用辩证法思维思考人与自然关系，并运用系统协同思维推动生态和产业融合发展，为福建生态文明建设提供了实践路径。

首先，从整体性出发思考并分析解决人与自然的矛盾。习近平主张用系统思维来抓生态建设，指出：“如果种树的只管种树、治水的只管治水、护田的

---

❶ 习近平．依法行政 保护耕地［N］．福建日报，2000－06－25（1）．

❷ 中央党校采访实录编辑室．习近平在福建（下）［M］．北京：中共中央党校出版社，2021：18．

❸ 习近平．推动我国生态文明建设迈上新台阶［J］．求是，2019（3）：13．

单纯护田，很容易顾此失彼，最终造成生态的系统性破坏。”[1] 整体性是生态系统内在特征，人与自然、经济发展和生态保护、局部和全局都是系统整体。在福建工作期间，习近平已经娴熟地从整体视角认识问题、分析问题、解决问题。在厦门调研时，他提出军营村“山上戴帽，山下开发”的发展思路；在宁德工作期间，他提出发展立体综合农业脱贫，讲综合发展、适度规模经营，从生态整体性出发而不是顾此失彼，实现生态效益、经济效益、社会效益的统一；为治理好长汀水土流失，他遵从生态整体性科学治理长汀水土流失；在三明调研时，他提出“现在看青山绿水没有价值，长远看这是无价之宝，将来的价值更是无法估量”，从时间的延续性看青山绿水的价值。习近平将人与自然视为系统有机整体，2002 年在《正确把握发展大势，加快福建经济发展》一文中将生态省建设总体目标表述为“人与自然和谐相处的生态文明的省份”[2]。

其次，习近平坚持适度原则开发自然。他多次强调，生态红线是高压线，是国家生态安全的底线和生命线，“生态红线的观念一定要牢固树立起来。我们的生态环境问题已经到了很严重的程度……要精心研究和论证，究竟哪些要列入生态红线，如何从制度上保障生态红线，把良好的生态系统尽可能保护起来。”[3] 在福建工作期间，在推动经济发展时习近平始终都把保护自然环境放在首位。《1985 年—2000 年厦门经济社会发展战略》提出了“基于厦门的自然环境和人文环境，岛内加工制造业的方向应是耗能小、污染少的行业”。[4] 2002 年 4 月，习近平在南平调研圣农公司时对该公司总经理傅光明指出：“公司从生态中得到的实惠越多，越要注重生态保护。保护不好闽江源头，一场疫情就可能彻底毁灭‘龙头’企业，进而殃及成千上万的农民，农产品加工业一定要走生态效益型产业之路，以内涵式发展为主，使经济效益和社会效益高

---

[1] 中央文献研究室．习近平谈治国理政（第一卷）［M］．北京：外文出版社，2014：85.

[2] 习近平．正确把握发展大势，加快福建经济发展［J］．中共福建省委党校学报，2002（5）：9.

[3] 中共中央文献研究室．习近平关于社会主义生态文明建设论述摘编［M］．北京：中央文献出版社，2017：99.

[4] 厦门经济社会发展战略编委会．1985 年—2000 年厦门经济社会发展战略［M］．厦门：鹭江出版社，1989：345.

度和谐。”[1] 2002年6月，习近平调研三明时指出：“不能以牺牲环境为代价，换取经济一时发展。”[2] 在提出生态省的战略构想时，习近平强调生态优先，指出：“任何形式的开发利用都要在保护生态的前提下进行，使八闽大地更加山清水秀，使经济社会在资源的永续利用中良性发展。”[3]

最后，探索生态和产业融合的具体路径。在人类经济社会生活中，人与自然在生产领域的矛盾主要通过生态和产业呈现出来，在福建工作期间，习近平运用协同思维认识人与自然矛盾，推动生态和产业两者融合发展，从对立面找到共生点，使二者从相生相克走向相得益彰，提出发展生态效益型经济，对生态与产业融合进行了有益的探索。一方面利用科技、市场，因地制宜发展生态平衡型农业、立体型农业、观赏型农业，推动产业生态化；另一方面提出双向开发，即资源和市场同时开发，辩证分析经济发展和生态资源之间的关系。时任宁德地委书记的习近平结合宁德自然资源实际提出要唱好经济大合唱，提出“闽东经济发展的潜力在于山，兴旺在于林”[4]。习近平还认为生态省建设是全面提高福建经济社会综合竞争力，实现全省经济、社会与人口、资源、环境协调发展的重大举措，显然生态省的建设也是经济与环境的融合。这些论述协同经济发展和环境保护的思考和举措为生态和产业的融合提供指导，也为福建干部进一步开展生态文明建设提供了实践基础。

三、对绿水青山转化为金山银山的探索为福建生态文明建设提供实践方向

绿水青山就是金山银山是习近平生态文明思想的核心理念。这一命题虽是

---

[1] 宣宇才. 省长调研“生态省”［N］. 人民日报，2002－04－11（6）.

[2] 焦点访谈：福建省三明市生态美、林业兴、民众富，全靠这“无价之宝”［EB/OL］.（2020－12－18）［2021－02－01］. https://news.cctv.com/2020/12/18/ARTIpm4BS3uFDEeGC7LlXDWo201218.shtml.

[3] 宣宇才. 省长调研“生态省”［N］. 人民日报，2002－04－11（6）.

[4] 习近平. 摆脱贫困［M］. 福州：福建人民出版社，1992：110.

习近平作为省委书记在浙江工作期间正式提出来的，但他在福建工作期间已有类似的表述，“两山论”在福建已经孕育基本成形，这为福建省解决经济发展和环境保护的两难选择提供了实践方向。

习近平对绿水青山情有独钟，工作期间他始终对绿水青山念念不忘，对绿水青山的价值认识也与众不同，多场合肯定绿水青山的多重价值。1989 年在宁德，习近平提出“森林是水库、钱库、粮库”；在福州市委工作调研永泰时他指出“你们永泰的发展方向是绿水青山”；在福建省委工作期间他赴三明调研时强调“青山绿水是无价之宝，山区要画好山水画，做好山水田文章”；1998 年在厦门同安军营村调研时他提出“山上戴帽”。绿水青山在此不仅有经济价值，还有生态价值和审美价值。2022 年 3 月 30 日，习近平在参加首都义务植树活动时进一步指出森林是水库、钱库、粮库、碳库，肯定森林作为碳库的价值。

经济发展和环境保护矛盾在不同地区表现各异，习近平具体问题具体分析，辩证认识、分析、思考并因地制宜表达了对绿水青山与金山银山不同的期盼。面对生态资源贫乏、经济贫困的宁德，他提出“什么时候闽东的山都绿了，什么时候闽东就富裕了”；面对生态资源丰富、经济贫困的永泰，他提出“发展方向是青山绿水”；面对生态贫困，经济也贫困的厦门军营村，他提出“山上戴帽，山下开发”；面对生态资源丰富、生态地位重要但经济落后的三明，他提出“三明是闽江的源头之一，生态、自然、旅游资源优势得天独厚，这种优势随着历史进程的推进将越来越显著”[1]。“两山”的矛盾在各地表现不一，习近平协同二者的发展思路也随之发生变化。绿水青山怎样转化为金山银山？绿水青山什么时候才能转化为金山银山？在福建工作期间习近平初步探讨了绿水青山向金山银山转化的路径，并因地制宜开展了绿水青山转化为金山银山的探索实践。1989 年 1 月，习近平在《闽东的振兴在于“林”——试谈闽东经济发展的一个战略问题》一文中已经给出答案。习近平指出“发展林业

---

[1] 刘磊，刘毅，颜珂，等. 风展红旗如画——全面贯彻新发展理念的三明探索与实践（上）[N]. 人民日报，2020-12-16（4）.

是闽东脱贫致富的主要途径”❶，为此要坚持“谁造，谁有，谁受益”❷和“严禁盲目采伐，强化资源管护”❸，推动造林和护林。要健全林业经营机制，“转变单一经营，实行综合开发。在产业结构上，实行‘林、茶、果、药’结合；在收益时间上，实行‘长、中、短’结合；在林地利用上，实行‘套种、放养’结合；在林木结构上实行‘乔、灌、草’结合；在经营效益上，求得经济、生态、社会三大效益的统一”❹。“四个结合，三个统一”阐明了习近平将绿水青山变成金山银山综合开发转化的两个步骤，一是培育生态优势，“画好山水画”，显然首先要建设好“绿树村边合，青山郭外斜”的绿色家园；二是创新绿水青山转化为金山银山的方式，绿水青山的价值实现方式不再是传统农业时代直接砍伐变卖，而是综合开发，追求综合效益。价值实现时间是“长、中、短”结合，注重绿水青山的长远价值，“从长远看，青山绿水是无价之宝”。由上可看出，尽管“绿水青山就是金山银山”是习近平在浙江工作期间提出来的，但在福建工作期间，这个思想已经呼之欲出，更重要的是他在福建已经开展了大量绿水青山转化为金山银山的实践。

这些地方差异性特殊的实践经验、方法、理念，既为习近平生态文明思想逐渐成熟，走向中央全局普遍性的发展奠定了坚实的理论和实践基础，也为福建生态文明建设提供了实践基石，是福建省生态文明建设的实践逻辑。福建生态文明建设以此为行动遵循，采用“山海”辩证法，不断进行体制机制创新，不断发展生态效益型经济，推进“两山”转化。

工业大生产带来了高速的经济增长，也带来了全球生态危机，发展中的中国主要任务是发展，但粗放型增长方式和资源依赖型的发展方式给环境造成了

---

❶ 习近平．摆脱贫困［M］．福州：福建人民出版社，1992：110.
❷ 习近平．摆脱贫困［M］．福州：福建人民出版社，1992：112.
❸ 习近平．摆脱贫困［M］．福州：福建人民出版社，1992：113.
❹ 习近平．摆脱贫困［M］．福州：福建人民出版社，1992：113.

破坏和污染。人类文明要延续，必须正确认识和处理人与自然关系，既需要一种新的理论来指导确立新的生活、生产方式，使人与自然和谐共生，使经济、社会可持续发展；更需要一种新的发展方式、发展道路来应对经济发展和环境保护的难题。本章从经济发展和环境保护的矛盾这一时代之问的出现来分析福建生态文明建设面对现实而具体的环境难题，福建干部以马克思主义关于人与自然关系的思想、中国共产党的环境保护思想和传统生态智慧为理论逻辑进行探索实践，福建干部以习近平的探索实践为实践逻辑建设美丽福建，一任接着一任干，这为福建生态文明建设典型样本的研究做好了铺垫。

第二章

海上花园样本：厦门生态文明建设

厦门是全国闻名的旅游城市，也是闻名遐迩的花园城市，万仞之山，起于累土，厦门的生态文明建设离不开历任干部和厦门人民的努力，也离不开曾任厦门市副市长的习近平开展的实践探索。习近平在厦门工作了三年，是厦门经济特区初创时期的领导者、拓荒者和建设者，这期间他围绕环境保护、经济建设等进行了一系列的实践探索，直至今天仍指引着厦门前行。作为经济特区，厦门承载着国家改革开放试验田、排头兵的重任，在城市建设、生态产业发展、体制机制创新等方面取得一定成绩，名副其实地成为海上花园，成为福建生态文明建设的典型样本。

第一节　海上花园厦门生态文明建设的相关论述和探索实践

厦门市，又称为鹭岛，本岛面积较小。据统计，2019 年，厦门本岛土地面积仅有 157.98 平方千米（含鼓浪屿），被誉为海上花园。但其辖区相对较大，全市土地面积达 1700.61 平方千米，自然地貌主要以丘陵和平原为主；海域面积约 390 平方千米。[1]

随着经济发展、人口逐渐集中，厦门市环境问题也开始凸显出来。首先，人口的集中带来了城市环境治理难题和城市空间布局课题。据统计，1986 年全市人口密度为 692 人/平方千米，其中市区却达到 9328 人/平方千米。当人口越来越稠密，生活垃圾治理、城市空间规划逐渐成为显性课题。其次，城市

---

[1] 中共厦门市委党史和地方志研究室．厦门年鉴（2020）［M］．北京：方志出版社，2020：25.

的扩张导致耕地减少、围海造地带来海域面积的减少。据统计，厦门“耕地面积不断减少，由1965年的每人人均1.17亩减少至1984年0.83亩……以郊区为例，特区设立以来，每年大约有3200亩耕地被占用”[1]。自然生态环境受到影响，厦门的筼筜湖生态恶化就与此相关。可以厦门筼筜湖为例分析海域地表水的状况。20世纪80年代该湖的污染源较多，据统计，共计125家企业向该湖排放工业废水，年排放量达700万吨；生活污水近半排入此湖，约500万吨；还有6家医院污水也直排其中。[2] 海域环境也由于油污染，工业废水、生活废水的直排受到影响；饮用水源受此影响，水质堪忧。

1985年6月至1988年6月，习近平在福建省厦门市工作，先后担任厦门市委常委、副市长、常务副市长，分管农业等工作。在厦门市工作期间，他立足于自身工作岗位，从厦门彼时具体的经济、社会和环境现状出发进行探索实践。在此阶段习近平的生态文明探索实践的思想主要蕴藏在《1985年—2000年厦门经济社会发展战略》和工作讲话中；探索实践内容主要为主持编制《1985年—2000年厦门经济社会发展战略》，设立生态环境专题，在治理自然环境中反思建设道路，整合发展要素，推动厦门同安军营村绿色发展。这些探索实践为厦门市生态文明建设提供了思路和方法的指导，奠定了厦门市生态文明建设的实践基石。

一、编制《1985年—2000年厦门经济社会发展战略》，设立生态环境专题

为贯彻落实邓小平提出把经济特区办得更快些更好些的指示，厦门市政府决定制定经济发展战略推动厦门经济更快更好地发展。1986年8月，时任厦

---

[1] 《厦门经济社会发展战略》编委会. 1985年—2000年厦门经济社会发展战略［M］. 厦门：鹭江出版社，1989：337.

[2] 《厦门经济社会发展战略》编委会. 1985年—2000年厦门经济社会发展战略［M］. 厦门：鹭江出版社，1989：345.

门市副市长的习近平负责编制《1985 年—2000 年厦门经济社会发展战略》。《1985 年—2000 年厦门经济社会发展战略》共 21 个专题，其中一个即生态建设专题，该专题名称为“厦门市城镇体系与生态环境问题”。著名经济学家于光远说，厦门是全国第一个在发展规划中提到生态问题的。[1]

在《1985 年—2000 年厦门经济社会发展战略》“厦门市城镇体系与生态环境问题”专题中，首先，既用“得海独厚”“得天独厚”概括了厦门“生态位”优势，也对厦门环境状况进行了初步分析，提出“在发展特区经济的同时，一定要防止环境污染，保持生态平衡，为厦门地区人民和子孙后代保护和创造一个美好的生活、生产环境”[2]，还围绕环境治理观念、环境保护规划、重点解决问题等提出保护环境和改善城市生态环境的建议。这些建议提出，为了避免走“先污染、后治理”老路，我们首先要树立“经济建设必须与环境保护建设协调发展的观点，充分认识其相互制约、相互促进、相辅相成的内在联系”[3]，认为“城市环境问题不仅是治理技术问题，而且关系到经济体制、工业布局、产品结构、人口发展、资源和能源的利用等”[4]，在此基础上，进一步提出环境规划在经济发展战略中应有一定的地位。其次，根据厦门特点制定环境保护规划，提出要结合城市的改造和建设，逐步调整工业布局；要修建“三废”治理设施，对旧有工业“三废”要分期分批解决，新建企业首先应考虑轻型工业部门。最后，提出厦门环境建设的重点领域，要保护好水资源，治理好筼筜湖、保护好厦门市的海域环境；解决好城市垃圾污染，妥善处理好生活垃圾；要保护好风景旅游资源，做好城市绿化和美化工作；工业布局和大中型工程要注意保护好生态环境。“厦门市城镇体系与生态环境问题”专题既论证了生态环境建设的重要性，又基于厦门城市特点提出了具体可行的建设思路和建设项目。

---

[1] 转引自王火炎．人与自然和谐共生的厦门实践［N］．厦门日报，2023－05－08（9）．

[2] 《厦门经济社会发展战略》编委会．1985 年—2000 年厦门经济社会发展战略［M］．厦门：鹭江出版社，1989：344．

[3] 《厦门经济社会发展战略》编委会．1985 年—2000 年厦门经济社会发展战略［M］．厦门：鹭江出版社，1989：346．

[4] 《厦门经济社会发展战略》编委会．1985 年—2000 年厦门经济社会发展战略［M］．厦门：鹭江出版社，1989：346．

二、治理厦门生态环境、思考开发建设方式

自然环境是人们生活的重要组成部分，水、空气、土壤等直接影响人们的生活质量，也关乎人类文明的延续。

厦门筼筜湖曾是开放的港湾，是与厦门西海域相连的内湾，被称为筼筜港，面积约为10.6平方公里，曾是渔民避风休整、白鹭休憩之所。但在20世纪70年代，人们围海造田，一道长堤将港湾与大海隔断，将其从开放的海港变成封闭的内湖。筑堤时挖泥抛沙使得航道宽度缩减，不断地围海造地，使厦门西海域面积减少，筼筜湖水域面积也减少至2.2平方公里，其中还有1平方公里滩涂。这里逐渐成为城市污水的容纳之地，湖水黑臭熏人，鱼虾绝迹、白鹭远飞，市民也避而远之，既影响厦门城市形象，更影响市民生活。1984年厦门市政府曾启动筼筜湖的治理工作，但因经费原因搁置。1988年厦门市政府重启筼筜湖的治理工作，时任厦门市副市长的习近平负责治理工作。1988年3月30日，习近平在综合治理筼筜湖大会上提出“依法治湖、截污处理、清淤筑岸、搞活水体、美化环境”20字综合治理方针。这20字治理方针为彻底治理筼筜湖提供了科学的思路和方法，在治理经费得到保障的情况下，筼筜湖治理初见成效，在美化城市空间中实现人与自然的和谐相处。“打响筼筜湖环境整治的硬仗”成为2021年3月23日央视网报道“从习近平福建五件‘生态往事’探寻绿色发展密码”的第一件生态往事。[1]

改革开放序幕拉开后，地方政府在党中央的领导下一起摸着石头过河，共同思考解决发展之中的问题。作为经济特区、改革开放热土的厦门也在摸索之中。1985年之前厦门并未呈现出海上花园的美貌，路途中尘土飞扬，在进行基础设施建设时毁林采石，人们曾用“穿着破烂衣服的小姑娘”来形容这里。看到此种情况，1986年1月，时任厦门市副市长的习近平，在厦门市八届人

---

[1] 央视网．从习近平福建“生态往事”探寻绿色发展密码［EB/OL］.（2021－03－23）［2021－04－01］. https：//news. cctv. com/2021/03/23/ARTIpwFbuuVXJvWe03IPKibA210323. shtm.

大常委会第十八次会议提出："保护自然风景资源，影响深远，意义重大。""我来自北方，对厦门的一草一石都感到是很珍贵的。""厦门是属于祖国的、属于民族的，我们应当非常重视和珍惜，好好保护，这要作为战略任务来抓好。"❶ 习近平要求保护好厦门自然资源，并将此作为城建和环保工作的起点。在会上，习近平还对毁林采石的开发建设方式进行分析探讨，提出了"能不能以局部的破坏来进行另一方面的建设?"❷ 的问题。提出问题是解决问题的开始，习近平认为不能以资源的破坏来换取发展，并要求地方政府加强管理，对采石、采砂管理问题提出"对于岛内要采取最大限度的保护，对于岛外、郊县，也要加强管理、规划和审批"❸。福建人民以此为指示，从外显的自然环境保护问题不断反思内隐的开发、建设方式，为解决环境问题探索前进的方向。

三、整合发展要素、推动同安军营村绿色发展

厦门市岛外同安区莲花镇军营村和白交祠村，这里曾是"偏僻穷山村"，尤其是军营村为厦门海拔最高和最偏远的行政村，地处深山，资源匮乏。1986年的同安区军营村，道路是泥泞的泥巴路，村庄人居环境也不佳，山头也是光秃秃的。当时村民人均年纯收入不到300元，主要的收入来源是茶叶，但种植面积小，质量也较为粗糙。在1986年1月召开的厦门市八届人大常委会第十八次会议上习近平提出岛内外不同的发展开发方式，指出："岛外的乡政府应该十分重视如何帮助农村农民广开门路，发展新的就业门路。过去讲'靠山吃山、靠水吃水'，但破坏资源的做法要坚决管住，这是各级政府的职责。"❹

---

❶ 新华社特约记者. 习近平同志推动厦门经济特区建设发展的探索与实践［EB/OL］.（2018－06－22）［2021－07－19］. http：//www.xinhuanet.com/2018－06/22/c_1123022140.htm.

❷ 新华社特约记者. 习近平同志推动厦门经济特区建设发展的探索与实践［EB/OL］.（2018－06－22）［2021－07－19］. http：//www.xinhuanet.com/2018－06/22/c_1123022140.htm.

❸ 新华社特约记者. 习近平同志推动厦门经济特区建设发展的探索与实践［EB/OL］.（2018－06－22）［2021－07－19］. http：//www.xinhuanet.com/2018－06/22/c_1123022140.htm.

❹ 新华社特约记者. 习近平同志推动厦门经济特区建设发展的探索与实践［EB/OL］.（2018－06－22）［2021－07－19］. http：//www.xinhuanet.com/2018－06/22/c_1123022140.htm.

厦门市各级党委政府以此为遵循，引领着地处偏僻的贫困山村走上绿色致富之路。1997 年 7 月，时任福建省委副书记的习近平再次来到军营村，提出了“山上戴帽，山下开发”“种茶种果也别忘了森林绿化”[1] 的发展思路。如今的军营村，森林广茂，远望青山如画，近看溪水潺湲，生态环境优美，2022 年人均收入已突破 4.2 万元。[2]

厦门市各级党委政府主要从城市的环境保护、自然资源的开发方式、乡村的发展方式等方面进行探索实践，这些探索实践是一笔宝贵的财富，既为厦门市生态文明建设奠定了基础，也成为厦门市政府接续开展生态文明建设的行动遵循。

第二节　海上花园厦门接续建设生态文明

2002 年 6 月，时任福建省省长的习近平在视察厦门时就勉励厦门市要在生态建设上彰显特色、走在前列，“成为生态省建设的排头兵”[3]。厦门人民按照他的决策部署，遵循他的思想指引，接续建设美丽厦门，把生态文明理念融入厦门建设各方面和全过程，创新推出更多可复制、可推广的生态文明建设模式和亮点，一个他擘画的海上花园城市已然建成。

一、接续建设海上花园城市

厦门一直以来就被誉为海上花园，《1985 年—2000 年厦门经济社会发展战略》提出厦门市的建设目标是要“创造良好的生态环境，建设优美、清洁、

---

[1] 丁南．高山两村的“山上戴帽 山下开发”新实践［N］．中国改革报，2021－01－18（1）．

[2] 康森，颜之宏．厦门同安军营村的“卖碳经”［N/OL］．（2023－02－08）［2023－09－15］．http://www.news.cn/local/2023－02/08/c_1129348815.htm．

[3] 裴金佳．当好新时代生态文明建设排头兵［N］．学习时报，2018－04－23（1）．

文明的海港风景城市”[1]。在工业化、城镇化建设过程中，厦门城市环境也出现新问题需要继续治理，历届厦门市政府围绕“花园城市”做文章，在城市规划、城市环境治理、城市绿化等方面接续建设。

第一，按照社会、自然、生态一体原则规划建设厦门。

在城市建设过程中厦门市政府注重规划，生态理念始终贯穿其中，“生态立市，文明兴市，保护优先，科学发展”是厦门城市建设规划的基本方针。

首先，环境保护理念贯穿厦门市总体规划始终。继《1985 年—2000 年厦门经济社会发展战略》第一个在地方规划中设立环境建设专题，厦门市人民政府在全国率先制定了首部生态文明指标体系。1988 年厦门市出台了《厦门市城市总体规划调整方案》提出把厦门建成为海港风景城市和经济特区，此规划突出厦门“海在城中，城在海上”的自然特征，推动厦门从海岛型向海湾型发展。在《厦门市城市总体规划（2010—2020）》中进一步提出把厦门建设成为“现代化港口风景旅游城市和海峡西岸重要中心城市”[2]。2013 年编制的《美丽厦门战略规划》提出“大海湾、大山海、大花园”的城市发展战略，并划定 800 平方公里的生态保护区，控制 177 公里的生态海岸线，打造“山、海、城”相融共生的生态空间。近年厦门市政府还编制《厦门市国土空间总体规划（2020—2035 年）》，该规划对厦门市国土空间的开发、生态控制线的划定、自然生态的保护、生态经济的发展等进行统筹谋划。这些城市发展规划对厦门市环境保护各领域、全方位进行谋划，共同推动厦门城市生态建设。值得一提的是为保护中华白海豚，厦门市政府花费更多人力物力将跨海大桥的建设改为海底隧道，即厦门翔安海底隧道。

其次，制定生态文明建设法规和制度推动厦门城市建设。为更好建设花园城市，厦门市政府制定系列地方性生态法规和制度推动生态文明建设，如《厦门市海洋环境保护规划》《厦门国家森林城市建设总体规划（2021—

---

[1] 《厦门经济社会发展战略》编委会. 1985 年—2000 年厦门经济社会发展战略［M］. 厦门：鹭江出版社，1989：5.

[2] 厦门市城市规划设计研究院. 厦门市城市总体规划（2004—2020）［Z］. 2006.

2030)》《厦门经济特区生活垃圾分类管理办法》《厦门市低碳城市试点工作实施方案》《厦门经济特区生态文明建设条例》《厦门市砂、石、土资源管理规定》《关于加强九龙江流域水生态环境协同保护的决定》《厦门市率先实现全方位高质量发展超越生态文明建设行动计划》《厦门经济特区园林绿化条例》《厦门市关于构建现代环境治理体系的实施案》《厦门市人民代表大会常务委员会关于发展循环经济的决定》《厦门大屿岛白鹭自然保护区管理办法》《厦门经济特区园林绿化条例》《厦门经济特区公园条例》《厦门经济特区水资源条例》《厦门经济特区机动车排气污染防治条例》《厦门市大气污染防治办法》《厦门经济特区筼筜湖区保护办法》等 40 余部相关法规规章，这些地方性法规涵盖了生态文明建设生态、生产、生活各方面，这既是落实好习近平总书记用最严格制度最严密法治保护生态环境的理念，也为特区生态环境保护的法治化、规范化提供了制度依托。

第二，综合治理自然生态环境。

厦门虽然天生丽质，生态环境较好，但在工业化和城镇化过程中自然环境也遭到一定的破坏。另外随着经济社会发展，人们对美好生态环境的需求也不断提高，厦门市政府以蓝天、碧水、洁净为目标进行综合环境治理。

首先，实施蓝天工程改善空气质量。伴随着厦门城市人口的剧增和经济的快速发展，工业污染加剧、汽车尾气排放增量，影响了厦门市空气质量。为减少空气污染来源，在生活领域中，2003 年厦门市政府发布了《厦门市人民政府关于禁止和限制加工、销售、使用燃煤和高污染燃料的通知》推动蜂窝煤退出厦门市，并对家庭经济困难户给予一次性补助；还推动公交车、出租车油改气。在生产领域，发展循环经济、推广清洁生产、节能减排，实施锅炉改造工程和电气机系统节能改造工程等。2020 年厦门市就完成省市两级大气精准治理项目 47 个，86 台重点行业工业炉窑实施深度治理，核查 VOCs（挥发性有机物）重点排放企业 103 家，整治“散乱污”企业 748 家。[1] 2020 年厦门市

---

[1] 王玉婷，许晓婷，徐志敏.（“两高两化”看厦门）扬起绿色发展“指挥棒”奏响生态文明“进行曲”［N/OL］.（2021－01－05）［2022－05－01］. http://m.people.cn/n4/2021/01/c1142－14708066.html.

政府还在东坪山片区建成全省首个近零碳排放示范区，2021 年以来已经持续减碳 100 余吨。[1] 2021 年全年，厦门空气质量优良率达到了 99.7%，在全国排名并列第三，厦门蓝成为城市名片。[2]

其次，开展水环境整治改善水生态。在经济社会发展中厦门水生态遭到破坏，如工业发展带来的水污染、农业的面源污染、畜禽养殖的污水直排、河流生态系统的受损、老城区管网滞后雨污流等。为改变这种状况，厦门市政府一方面编制水生态环境保护规划推动水环境保护工作，如《厦门市海绵城市专项规划修编（2017—2035）》《厦门市重点流域水生态环境保护“十四五”规划》等。为了蓄水，厦门市还积极推进海绵城市建设，2015 年成为全国唯一海绵城市和地下综合管廊双试点城市，试点建设总面积 35.4 平方公里，至 2018 年底完成建设面积 32.544 平方公里。[3] 在《厦门重点流域水生态环境保护“十四五”规划》中还提出“打造高颜值厦门，共享美丽河湖”的建设目标。另一方面持续实施水环境的综合整治和修复，为此设置污水处理厂，污水集中处理率达到 100%。厦门水生态综合治理的典型案例就是黑臭的筼筜湖变身为厦门市“会客厅”。厦门筼筜湖曾因生活污水和工厂污水的直排，湖水黑臭熏人，人们避而远之。厦门市政府按照时任厦门副市长习近平确立的综合治理机制和“依法治湖、截污处理、清淤筑岸、搞活水体、美化环境”方针对筼筜湖进行科学综合治理。从源头控制污染源，推动企业实行排水许可制；在污水水流路段设立截留设施；在污水水流末端建成污水处理厂；科学设立导流堤，使封闭的筼筜湖水再次循环起来，并在湖边栽种红树林。经过四次大的综合整治，臭水湖如今碧波荡漾，慢慢变回鱼虾、白鹭栖身之地，厦门市民也争相安居筼筜湖周边。筼筜湖渔火已变身为现代的城市会客厅，招待着八方来

---

[1] 生态环境部综合司．厦门东坪山片区深耕细作打造近零排放示范区［N］．中国环境报，2023－03－27（3）．

[2] 厦门市生态环境局．厦门市 2021 年生态环境质量状况公布：空气质量优良率 99.7%，全国排名并列第三［EB/OL］．（2022－06－02）［2022－12－30］．http：//fj.people.com.cn/n2/2022/0602/c181466－35299341.html.

[3] 吴海奎，薛榕，柳倩．厦门创建国家海绵城市示范市　提升城市宜居度［EB/OL］．（2019－03－11）［2021－12－31］．http：//xm.fjsen.com/2019－03/11/content_22058300_z.htm.

客。2019 年筼筜湖治理工程被联合国开发计划署评为东亚海域污染防治和管理示范工程。厦门市还建立多元化饮用水安全保障，将小流域综合治理列入为民办实事项目，据统计“2020 年全市集中式饮用水水源地以及农村‘千吨万人’饮用水水源地水质达标率、主要流域国控断面Ⅰ—Ⅲ类水质比例、主要流域省考断面Ⅰ—Ⅲ类水质比例均为100%”[1]。2020 年3 月，国控隘头潭断面单月水质在全国排名第三。

最后，对城市垃圾综合整治。垃圾的堆积是城市治理过程中的痼疾之一，《1985 年—2000 年厦门经济社会发展战略》已经关注到城市垃圾的处理，提出“生活垃圾要采取焚烧、深埋或作基肥等进行分类处理，不要任其堆放或倾倒海域”[2]。厦门市政府建立多样化垃圾处理模式，颁布实施《厦门经济特区生活垃圾分类管理办法》，2000 年开始垃圾分类收集、回收、分拣等工作，如湖里欣悦园、翔安内厝收集分拣工作成效显著；建立多个环卫综合处理基地，在政府主导下调动社会资源，采用 BOT 方式（建设—经营—转让）建设垃圾处理场，率先在全国实现“原生垃圾零填埋”。2020 年，厦门近岸海域海滩垃圾数量密度为 1.09×10^5 个/平方千米，比 2019 年下降 62.5%，无人机航指密度为全省沿海 7 个地市最低。[3]

第三，绿化美化厦门。

“一城如花半倚石，万点青山拥海来”，这是古人对厦门的描绘，一直以来厦门市政府就注重绿化、美化厦门。《1985 年—2000 年厦门经济社会发展战略》已经关注到城市绿化工作，提出“到 1995 年绿化覆盖率达到 50%，城市公共绿地人均 10 平方米”[4] 的建设目标，厦门市政府主要从以下几个方面

---

[1] 2020 年厦门市生态环境质量公报［EB/OL］.（2021－06－04）［2021－06－18］. http：//sthjj. xm. gov. cn/qt/jsjg/? keyName.

[2] 《厦门市经济社会发展战略》编委会. 1985 年—2000 年厦门市经济社会发展战略［M］. 厦门：鹭江出版社，1989：347.

[3] 2020 厦门市生态环境质量公报［EB/OL］.（2021－06－04）［2021－06－18］. http：//sthjj. xm. gov. cn/qt/jsjg/? keyName.

[4] 《厦门市经济社会发展战略》编委会. 1985 年—2000 年厦门市经济社会发展战略［M］. 厦门：鹭江出版社，1989：5.

努力。

首先，宏观上规划绿地空间。2005 年厦门市政府审定实施《厦门市绿地系统规划》，按照“一区一环两带多廊道状放射网络”规划绿化空间。与此同时科学规划城市空间布局，划分国土空间的主体功能区，减少城镇化过程中对绿地面积的侵占。其次，将绿化范围从岛内扩展到岛外，自厦门“十二五”规划以来，厦门市围绕城乡绿化一体化思路，开展绿色城市、绿色通道、绿色村镇、绿色屏障建设。在此过程中，厦门市以发展生态风景林为主，保持一定量的高效益经济林，同时绿化工作注重与城市景观结合。2013 年厦门市晋升为国家森林城市，2019 年被国家住建部认定为“国家生态园林城市”；2020 年底“厦门建成区绿地面积 16589.99 公顷，公园绿地面积 5372.43 公顷，建成区绿地率 41.27%，建成区绿化覆盖率 45.52%，人均公园绿地面积 14.6 平方米。厦门森林覆盖率 41.72%、森林蓄积量 349.2 万立方米，林地保有量 66224 公顷”[1]。最后，对鼓浪屿瑰宝加强美化建设，2017 年鼓浪屿被列入世界遗产名录，成为热门旅游目的地。这离不开厦门市历任干部对厦门鼓浪屿建筑的保护。2001 年，时任福建省委副书记、省长习近平前往鼓浪屿调研，强调要围绕其特点做文章，提出“鼓浪屿至少有 4 个特点可以大做文章，即风景系列、海洋系列、琴岛系列以及人文系列”[2]，厦门市围绕此做文章，不断推动此地自然风光和人文相结合。

二、发展绿色低碳经济

空间的狭小、资源的缺乏是束缚厦门发展的重要原因之一，为此厦门市历届政府都注重发展绿色、低碳经济。《1985 年—2000 年厦门经济社会发展战

[1] 厦门今年计划植树造林 2500 亩，还有这些绿化、造林小目标要实现 [EB/OL].（2021-03-12）[2021-03-15]. https://www.163.com/dy/article/G4RLOGQF0544A2EB.html.

[2] 新华社特约记者. 习近平同志推动厦门经济特区建设发展的探索与实践 [EB/OL].（2018-06-22）[2021-07-19]. http://www.xinhuanet.com/2018-06/22/c_1123022140.htm.

略》对厦门工业结构和农业发展已进行相应的绿色规划，厦门市政府一任接着一任干，发展生态工业、生态农业、推动低碳经济发展。

第一，优化空间布局、推动生态工业发展。

厦门市政府在跨岛发展布局与产业转型的结合中推动厦门发展。首先，加快厦漳泉城市群建设，发挥各城市资源优势，实现三者间优势互补，打造上下游产业链，在产业合作中推动低碳生产；建立城市间土地优化、生态资源协同保护、合理推进资源开发利用机制。其次，制定规划整合岛内外发展空间。在《厦门市国民经济和社会发展第十个五年计划纲要》中厦门市政府整合搬迁岛内工业用地，实现土地空间置换和资源优化配置政策，实现土地资源集约化利用，优化三大产业结构和布局，推动经济可持续发展，对不符合岛内要求的，改制、改组后向岛外集中。目前已形成一岛一带多中心的城市空间格局。再次，推动各区生态产业发展，在绿色理念的引领下促进循环经济和低碳经济发展，推进清洁生产。如建立厦门软件园三期，将岛外的集美变身为创新创业的沃土，培育信息技术、新材料等产业发展，其他各区也形成一定的产业链，如海沧区的船舶产业链、翔安区的平板显示产业链，这些企业在发展数字经济、平台经济、智能经济时实现了区域经济可持续发展。最后，还进行绿色产业升级，发展新材料、生物医药、新能源产业集群，推动绿色经济发展。

第二，推广生态种养、发展高质生态农业。

为减少农业领域的环境污染，厦门市政府将农业发展和污染治理结合起来，在发展中解决污染问题。为解决畜禽养殖带来的污染问题，厦门市结合各地自然要素发展畜禽养殖产业，如在山区以猪—沼—果—林为主，在丘陵地区以猪—沼—果—草为主，在平原地区以猪—沼—果—鱼/虾/蔬菜等为主，在土地稀少地区发展“发酵式、生态型、零排放”养殖模式。为推动农村发展，厦门各地将绿化与发展结合起来，帮助农民生产无公害农产品、绿色食品和有机食品，既减少对土壤的破坏，也让市民享用健康绿色食品。典型案例如厦门同安军营村发展生态产业，从一个穷山村旧貌换新颜。自习近平 1998 年 10 月提出“山上戴帽，山下开发”发展规划后，军营村山上培育了公益林 4100

亩，将“帽子戴起来了”；山下开发种植了6000多亩茶园，“村民人均年纯收入由1986年的不到300元，增长到如今翻了近百倍”[1]。为了推进茶产业的发展，军营村办起了茶叶合作社，并引进企业投资兴建有机茶园，通过“合作社+农户”“企业+农户”让“莲花高山茶”走出厦门，让百姓创收致富。军营村村民不仅依靠茶产业脱贫致富，还依靠碳汇交易致富。2022年5月5日，全国首个农业碳汇交易平台在厦门落地，当日在同安区军营村和白交祠村就完成全国首批3357万吨农业碳汇交易，使“碳票”变“钞票”。[2]

第三，发展海洋经济、推进厦门绿色发展。

《1985年—2000年厦门经济社会发展战略》中曾用“得海独厚”来形容厦门的发展优势。厦门海域面积约390平方公里，海岸线也达到230多公里，珍稀海洋生态资源也较多。近年来厦门充分发挥海洋资源优势，不断发展海洋经济，推进厦门绿色发展。首先厦门市历届政府精心守护好海洋生态资源，强化养殖回潮清退主体责任，实施海洋负排放，践行碳中和，为此制定了《厦门市海洋功能区划》、厦门海洋经济发展规划等，科学、规范使用海洋资源。其次厦门加大海洋专业人才培养，提升海洋科技创新能力，充分利用海洋生物多样性推动科研创新，发展海洋生物医药。近年相关科研成果较多，直接提升了海洋产业生产附加值，如河豚毒素、微生物虾青素、海洋活性蛋白等。再次厦门培育海洋新兴产业，促进“海洋+”等一二三产业发展，优化海洋产业链，发展渔港特色小镇，推动海洋经济高质量发展。最后厦门还利用海岛优势、台海优势发展生态旅游业。为了发展海洋经济，厦门市政府制定了系列规划推动海洋经济发展，如《厦门市海洋环境保护规划（2016—2020年）》等。《厦门市海洋经济发展“十四五”规划》还提出“到2025年，全市海洋生产总值占GDP比重达30%以上”。这些都充分彰显了厦门市政府向海洋要生产力、将海洋变成金海银海的思路。

---

[1] 薛志伟. 厦门同安军营村高海拔村美丽蝶变［N］. 经济日报，2019-12-19（13）.

[2] 杨珊珊. 全国首个农业碳汇交易平台在厦门落地——发出全国首批农业碳票 空气成了真金白银［N］. 福建日报，2022-05-06（2）.

三、在体制机制创新中成为生态省建设排头兵

厦门在生态文明建设方面有其天然基础，但也离不开其体制机制的创新，厦门市政府通过体制机制创新，已形成“以环境优化增长，以发展提升环境”的发展路径，解决经济发展与环境保护的矛盾，提供了可复制可推广的“厦门经验”，已成为福建“生态省”建设的排头兵。

经验之一是依托“多规合一”平台，进行招商服务。2018 年 8 月厦门市推行以地选商，不再是以商选地，增强国土空间管制能力，实现“智慧招商”。经验之二是以土地为抓手进行生态修复，提升生态价值。如五缘湾片区在环境综合整治和生态修复后土地资源得以升值溢价，目前五缘湾片区内海域面积达 242 公顷、城市绿地公园 100 公顷、湿地公园 89 公顷、环湾优质生活岸线 8 公里，如今五缘湾成了厦门市民和游客的“城市新客厅”。[1] 经验之三是启动 2.0 版垃圾分类工作，建立垃圾分类奖励和补偿机制，在垃圾分类收运、各类垃圾直运率、末端垃圾分类处置能力方面做文章，努力实现原生垃圾零填埋。2018 年以来，经过政府、市场、市民的共同努力，厦门多年来在此项工作中成绩卓著。经验之四是建立第三方治理的环保管家机制。2016 年 6 月厦门市政府制定出台《厦门市人民政府关于推行环境污染第三方治理的意见》，推动市场与政府共同治理环境污染，引进环保管家。同安区根据此机制加强水质管理并取得一定成效，并“逐一核实隘头潭国控点上游 44 个排口断面整治情况，完成 420 个点位的监测采样、987 个点位的污染源溯源等”[2]。经验之五是持续深化生态文明体制改革，率先在全国实行生态文明建设、生态环境保护目标责任和污染防治攻坚战成效“三合一”考核，出台《厦门市生态

---

[1] 颜之宏，秦宏．厦门：“海上花园”擦亮生态“高颜值”［EB/OL］．(2021－12－23)［2022－12－25］．http：//www.news.cn/local/2021－12/23/c_1128194061.htm.

[2] 厦门建设国家生态文明试验区——生态高颜值 发展高素质［EB/OL］．经济日报，(2020－12－12)［2021－12－31］．https：//baijiahao.baidu.com/s? id＝1685824956738561239.

文明建设目标评价考核办法》《厦门市生态文明建设评价考核专家评审管理办法》《厦门市生态文明发展水平评价指标体系》。经验之六是健全生态补偿和生态环境损害赔偿机制、建立“三线一单”环评审批系统，在全国率先实现生态环境分区管控体系数字化。经验之七是制定生态系统价值核算技术和指标体系，推进“绿水青山”向“金山银山”转化。厦门市政府在自然资源确权登记制度、环境污染强制责任保险制度、绿色金融等方面充分发挥市场作用，2020 年环境污染责任保险累计为 459 家企业提供 7.2 亿元风险保障，当年厦门市生态环境质量创“十三五”最优。

厦门市坚持不懈从各个方面着力将厦门打造成“在花园里盛开的城市”，早在 1997 年厦门市获评首批“国家环境保护模范城市”，2016 年则被评为国家生态市，2022 年被生态环境部批准为第六批国家生态文明建设示范区，并率先在全省实现国家生态文明建设示范区全覆盖，还获得国际花园城市、联合国人居奖等殊荣。

第三节　海上花园厦门生态文明建设的经验启示

海上花园厦门的生态文明建设是厦门市党员干部坚持从环境保护和经济发展现实矛盾问题出发，始终围绕自然做文章，战略前瞻性地认识厦门环境问题，在主客观辩证法结合中提出“山上戴帽，山下开发”理念，在党的环境政策指导下走绿色发展之路，建设“机制活、产业优、百姓富、生态美”的海上花园，提供了厦门版经验。2017 年 9 月，习近平总书记认为厦门是“高素质的创新创业之城，高颜值的生态花园之城”，在持之以恒的建设中，厦门已然成为“美丽中国”的样本城市。

一、战略前瞻性地认识经济特区厦门环境问题

经济发展和环境保护的矛盾作为时代之问客观而又具体地存在于经济特区

厦门，肩负着经济发展示范使命的厦门，如何认识并处理经济发展和环境保护的矛盾是一个现实的难题。

第一，从时空的前瞻性中认识自然资源的价值。

习近平曾指出“我们做一切工作，都必须统筹兼顾，处理好当前与长远的关系”[1]。20 世纪 80 年代厦门正处于经济开发的初期，城市建设不可避免带来环境问题；与此同时厦门本岛面积较小，仅有 157.98 平方公里，这使其进一步发展也受限于空间。厦门市政府提出了跨岛发展战略，不断推动厦门从海岛型向海湾型发展。在工作中将现实问题的针对性和政策前瞻性结合起来，超越空间认识自然资源价值。这是从空间全局维度认识局部价值，跳出局部从全局看局部，从整体全局中认识问题。

第二，从宏观整体协调经济、社会和生态三者矛盾。

全局性是战略思维的最鲜明特征，经济发展和环境保护的矛盾在各地以不同的形式呈现出来，但万变不离其宗，厦门市政府紧抓住经济、社会和生态的统一性，从全局出发分析思考。在发展是硬道理的时代话语中，厦门作为经济改革特区，承担着经济发展示范创新的使命，但当厦门既有的资源依赖型的发展方式带来资源的枯竭，高污染、高耗能、高排放的生产方式带来生态环境恶化和资源浪费时，厦门市政府既从整体视角出发治理筼筜湖，提出上游的“截污处理”，水域的“水体搞活”，水岸的“清淤筑岸”；也立足于整体性思考厦门的发展，厦门市八届人大常委会第十八次会议提出“能不能以局部的破坏来进行另一方面的建设？”的问题，并因地制宜提出厦门岛内外不同的发展方式。这些都是全局思维在发展观上的具体运用，是跳出自然资源的环境功能认识自然资源效能，从人—社会—自然生态整体系统出发认识社会发展。

第三，制定发展战略，实现经济、社会和生态的统一。

《1985 年—2000 年厦门经济社会发展战略》立足于厦门城市环境建设，

---

[1] 习近平．之江新语［M］．杭州：浙江人民出版社，2007：86.

提出到2000年“使厦门成为经济繁荣，科技先进，环境优美，城市功能较为齐全，人民生活比较富裕的海港城市”[1]的战略目标；在其中还将厦门市的发展定位为“创造良好的生态环境，建设优美、清洁、文明的海港风景城市”[2]。2010年9月习近平来厦门考察时，提出“我们还有更高远的目标、要共同努力，把厦门建设得更加美丽、更加富饶、更加繁荣”[3]。这些规划蓝图是习近平对厦门未来发展的战略预见和战略部署，坚持“当前有成效、长远可持续的事要放胆去做，当前不见效、长远打基础的事也要努力去做”[4]的体现。今天厦门干部仍努力将一张蓝图绘到底，在推动经济发展过程中美化厦门。

战略思维是统筹谋划事物发展的理论思维，其本质是辩证思维。习近平指出“各级党政‘一把手’要站在战略的高度，善于从政治上认识和判断形势、观察和处理问题，善于透过纷繁复杂的表面现象，把握事物的本质和发展的内在规律”[5]。这种战略思维有效地帮助厦门市政府认清和把握全局，作出正确战略决策，从根本上实现经济、社会和生态的统一，也有助于厦门地方干部一任接着一任干，继续推进花园城市厦门的建设。

今天厦门被誉为花园城市，与当地百姓对厦门一草一石的珍视和保护分不开，也与厦门市干部落实“提升本岛、跨岛发展”的发展战略分不开。厦门市政府按照“提升岛内、拓展岛外”的思路不断优化城市空间功能调整，根据厦门自然生态条件，划分禁建区、限建区、适建区和已建区；厦门市政府还对人居环境进行专项规划，确立“三线”规划，即历史风貌建筑保护的紫线，公共绿地保护的绿线，河流、湖泊、湿地保护的蓝线，这些规划将人—自然—社会视为生态整体系统，对组成生态整体系统的各自然要素确立不同的保护标准。厦门市政府注重制度建设，制定系列规划推进厦门生态文明建设，如

---

[1] 《厦门市经济社会发展战略》编委会. 1985年—2000年厦门经济社会发展战略［M］. 厦门：鹭江出版社，1989：4.

[2] 《厦门市经济社会发展战略》编委会. 1985年—2000年厦门经济社会发展战略［M］. 厦门：鹭江出版社，1989：5.

[3] 中央党校采访实录编辑室. 习近平在厦门［M］. 北京：中共中央党校出版社，2020：19.

[4] 习近平. 之江新语［M］. 杭州：浙江人民出版社，2007：86.

[5] 习近平. 之江新语［M］. 杭州：浙江人民出版社，2007：20.

《厦门市推进国家生态文明试验区建设暨厦门市生态文明体制改革行动方案》《生态文明建设目标评价考核办法》《厦门市土壤污染防治行动计划实施方案》《美丽厦门生态文明建设示范市规划（2014—2030年）》，另1994年《厦门市环境保护条例》是厦门市获得地方立法权制定的第一部地方性法规，2014年《厦门经济特区生态文明建设条例》是全国第二部关于生态文明建设总纲式的地方性法规，《厦门经济特区园林绿化条例》被认为是厦门市史上最严的园林绿化指标控制条例，这些都是厦门特色的绿色制度范本。

二、在主客观辩证法结合中提出“山上戴帽，山下开发”等生态理念

辩证法是关于普遍联系的科学，用辩证法分析生态问题符合生态的本质。经济发展和环境保护如何科学协同发展需要在客观的自然辩证法指导下科学认识人与自然关系。恩格斯在《自然辩证法》中指出：“所谓的客观辩证法是在整个自然界中起支配作用的，而所谓的主观辩证法，即辩证的思维，不过是在自然界中到处发生作用的、对立中的运动的反映。”[1] 为了推动厦门经济社会发展，厦门市政府遵循自然辩证法，主动思考城市环境治理问题、厦门本岛发展策略问题、厦门岛外群众生产生活问题。

自然是人类生产和生活的前提，自然可以提供人类生产、生活的资料，人类的生产、生活都离不开自然。人类“为了生活，首先就需要吃喝住穿以及其他一些东西。因此第一个历史活动就是生产满足这些需要的资料，即生产物质生活本身，而且，这是人们从几千年前直到今天单是为了维持生活就必须每日每时从事的历史活动，是一切历史的基本条件”[2]。恩格斯在《自然辩证法》中明确指出人对自然无限开发会带来自然的报复。人类改造自然应该遵循自然规律，开发、建设应处理好生产、生活、生态空间关系，处理好人—

[1] 马克思，恩格斯. 马克思恩格斯文集（第九卷）[M]. 北京：人民出版社，2009：470.
[2] 马克思，恩格斯. 马克思恩格斯文集（第一卷）[M]. 北京：人民出版社，2009：531.

实践—自然的辩证关系。当人与自然矛盾以经济发展和环境保护矛盾的方式呈现出来后，貌似人们必须在要经济还是要环保之间做出选择。厦门在1980年10月被批复设立为经济特区，作为经济特区，厦门的经济发展水平并不高，亟须通过体制机制改革推进经济社会发展，但在快速推进人与自然物质交换时双方矛盾已经显现，如人口剧增与城市空间狭小，水系看似丰富实则可饮用水源缺乏，厦门市发展美好的前景与资源缺乏等基本市情。如何指导当地进行可持续性的发展，科学推动人与自然的物质交换，就成为时代需要思考的问题。

厦门市政府基于自然辩证法思考、分析问题，提出可行性的解决方案，如基于人与自然的对立统一规律提出要合理开发，要保护好厦门城市环境、自然风景，宁要绿水青山，不要金山银山，将自然置于首位；并因地制宜提出具体的解决方案，提出在岛内发展污染少的轻工业，在岛外推动厦门同安军营村绿色发展，既要绿水青山，也要金山银山，追求人与自然和谐共生。在《1985年—2000年厦门经济社会发展战略》中还蕴含了从客观规律出发创新经济发展方式，推动绿色发展的思想，如从保护厦门自然资源、发挥自然优势、合理布局区域经济、调整经济结构、转变经济增长方式、生态农业的规划、工业结构的调整、城市发展的定位等方面构建了自然和经济发展相辅相成的关系。在《1985年—2000年厦门经济社会发展战略》中第一次用"生态位"概念来表述厦门环境，这充分体现了对人与自然紧密相联的认识。

辩证法是以现实客观世界为实践基础的，我们既要从客观存在出发认识自然，也要充分发挥主观能动性改造自然。厦门市党员干部面对环境难题和发展难题时，有着高度的理论自觉和实践自觉，在工作实践中贯彻了习近平对经济发展和环境保护互促与同构的思考和经验，在自然辩证法与主观辩证法结合过程中不断孕育新的生态理念。为了改变军营村的人与自然关系，厦门市政府根据习近平的"山上戴帽，山下开发"的实践指向，以此为指导科学调整人与自然的关系，推动当地经济发展和环境保护工作，调整经济发展和环境保护的矛盾，指导军营村走出经济发展和环境保护既有的矛盾对立状态。为了推动偏僻穷山村的军营村的发展，厦门市政府积极整合村内自然资源、村外技术资源，推动当地绿色发展，追求社会、经济、生态的综合效益，不以环境换取经济增长；厦门市政府还帮助军营村种植柿子林，保持水土不流失，并带领村民发展茶产业，利用当地水资源发展啤酒业，开启了环境保护支持经济发展的实践探索。为了保护好厦门城市环境，厦门市政府坚持自然优先性，思考开发建设方式，提出不能以局部的破坏来进行城市建设，积极推动厦门城市环境治理，以此阻止当地以破坏城市环境的方式建设城市。厦门市政府为了治理好筼筜湖，坚持自然系统的整体性，从人与自然的系统整体性出发进行治理；为了推动当地农业发展，倡导发展生态平衡型农业，通过生产方式的调整来协调人与自然的关系；还坚持人与自然的系统整体性推动发展生态工业，使自在自然和人化自然在生产实践中实现统一。

虽然厦门经济发展走在前列，但工业化、城市化过程中带来的土地资源、水资源的缺乏问题也逐渐加剧，厦门市政府持续不断地将城乡、岛内外、城市群视为一体开展建设，厦门的经济社会发展逐渐实现了由简单的外延式增长向内涵式发展转型。厦门城市空间格局也经历了从外延式扩张、填充式扩张走向内涵式发展的过程，完成升级转型。自经济特区建立 40 年来，“厦门经济总量年均增长 15%，2020 年人均 GDP 突破 2 万美元，达到国际通用的发达经济门槛，厦门以全省 1.4% 的土地面积，创造出全省 14.5% 的 GDP”[1]。

三、在党的环境政策指导下走绿色发展之路

经济发展和环境保护矛盾虽然普遍存在于经济社会发展之中，但经济发展和环境保护的矛盾在各地表现形式不一，矛盾的普遍性与特殊性共存。综观国家经济社会发展，处理好普遍性和特殊性的关系有其重要意义。厦门市党员干部在国家环境保护和经济社会发展政策的指导下，思考并处理好厦门具体的经

---

[1] 康森，董建国，等. 鹭江潮奔涌 沧海放长歌：厦门经济特区建设四十周年发展纪实［N］. 新华每日电讯，2021-12-20（8）.

济发展和环境保护的矛盾，给出了厦门版答案，积累了认识和处理经济发展和环境保护关系的地方经验。

普遍性的规律总是存在于具体的事物之中，具体事物的多样性彰显了事物的特殊性，普遍性环境政策需要和地方特殊性环境问题结合好。经济发展和环境保护矛盾的普遍性与特殊性表征着中央政策与地方地情差异，虽然党中央和政府从普遍存在的环境问题共性中制定了环境保护政策，为各地开展环境保护工作提供了方向性的指导，但并不能包含所有地方的特殊性。经济发展和环境保护的矛盾总是在各地具体地存在，地方干部需要结合各地实际情况对两者矛盾进行具体化的认识和处理。厦门市作为经济特区，通过政策制度等优势依靠工业化、城镇化、市场化手段推动当地经济发展，但既有的工业化、城镇化、市场化必然会带来不同程度的环境问题，其中筼筜湖的黑臭就是典型案例。如何发挥当地的区位优势发展经济又优化美化环境在当时是一个迫在眉睫的问题。解决这个问题既是现实需求，也是贯彻落实好邓小平提出把厦门经济特区建设得更快更好些指示的要求。20 世纪 80 年代，伴随着厦门经济的进一步发展，其环境保护问题逐渐呈现出来，一是厦门本岛快速建设过程中带来环境治理问题；二是厦门岛外生产落后，海沧、集美、翔安、大小嶝岛、内陆同安的人民生活落后，物资相对匮乏；三是厦门要高效发展，既有的本岛空间有限。显然，环境问题成为厦门进一步发展的瓶颈，物质的匮乏与生态的破坏同时并存。

随着环境问题的凸显，国家逐渐重视环境保护工作，要求“我们绝不能走先建设、后治理的弯路，我们要在建设的同时就解决环境污染问题”[1]。这为解决经济发展和环境保护两者的矛盾提供了重要的指导，即要在发展中解决两者矛盾，这为地方政府在具体经济发展中解决环境问题提供了方向和思路，也是地方政府干部进行具有地方特色的环境保护工作的现实起点。厦门市政府

---

[1] 国家环境保护总局，中共中央文献研究室. 中共中央批转《环境保护工作汇报要点》的通知（1978 年 12 月 31 日）［M］//新时期环境保护重要文献选编. 北京：中央文献出版社，中国环境科学出版社，2001：2 -3.

用党的政策指导解决厦门的具体环境问题，坚持不走“先建设、后治理”的弯路，并思考如何走出“先建设、后治理”的老路，在发展中解决问题。当大开发大建设的厦门环境问题外显时，时任厦门市副市长的习近平一面及时阻止，一面开始反思自然资源的开发方式和经济发展方式，具体如国土资源和城市空间的开发利用，工业化、农业现代化过程中适宜的发展方式，指出岛内外开发要注重环境保护，岛内要最大限度保护，岛外也要加强审批管理。习近平的这些认识为后期环境治理方针、举措的制定奠定了基础，也为统筹经济发展和环境保护提供了实践经验。

虽然地方干部处理环境保护和经济发展的关系在时间和空间上具有优势，但要有所积累并且逐渐上升为规律性认识是需要高度的理论自觉和实践自觉的。厦门市政府以发展为目标，在开启绿色发展中解决两者矛盾，科学地调整人与自然关系。《1985 年—2000 年厦门经济社会发展战略》要求发展生态农业、生态工业，如提出要“充分利用本市农业自然资源和社会经济条件中的优势，合理开发利用农业资源……促使本市农业经济进入生态平衡和协调发展的良性循环，以获取更高的经济效益、社会效益和生态效益”❶，“轻型工业污染小、耗能低、效益高，是适合厦门自身特点的，厦门工业的发展应该继续坚持这个方向”❷。显然，在生产各领域都倡导绿色发展理念，走绿色发展之路，逐步使厦门从粗放式扩张增长走向集约式高质量发展，实现经济与环境双赢、发展与保护并重的目标。厦门的生态文明建设探索实践成为习近平生态文明思想最早的一块“试验田”，也为厦门的生态文明建设打下扎实的基础，提供了思想的指引和行动的遵循。

习近平在厦门工作期间主动探索协调经济发展和环境保护矛盾的典范，为厦门地方干部接续开展生态文明建设提供了思想指引和行动遵循。厦门市

---

❶ 《厦门市经济社会发展战略》编委会. 1985 年—2000 年厦门经济社会发展战略［M］. 厦门：鹭江出版社，1989：159.

❷ 《厦门市经济社会发展战略》编委会. 1985 年—2000 年厦门经济社会发展战略［M］. 厦门：鹭江出版社，1989：114.

政府在开展生态文明建设中始终坚持党的环境保护政策的指导，基于厦门客观物质生产条件提出解决思路和发展策略，在发展中建设现代化风景旅游城市。近年为落实好碳达峰、碳中和的目标，落实好碳排放指标，厦门市政府启用碳汇市场，发布低碳验收技术规范，建成福建省首个近零排放区示范工程——东坪山近零排放示范区，翔安近 10 家企业还联合开展碳积分（碳普惠）活动。2022 年厦门市生态环境委员会发布《厦门市近零碳景区试点示范工程验收技术规范（试行）》，该验收技术规范侧重以远期碳排放总量零排放为目的，为厦门市景区低碳远期发展指明了方向。厦门市还推动废气治理、废水治理、固废处理、节能技改与降碳协同控制机制。早在 2010 年厦门市作为全国首批低碳试点城市，率先完成《厦门市低碳城市总体规划纲要》编制，成为我国首个编制低碳城市总体规划的城市。2012 年，厦门已经成为全国十大低碳城市之一。2017 年，金砖厦门会晤期间，厦门市积极试点会晤碳中和，在下潭尾种植红树林 386666. 67 平方米，计划用 20 年时间中和会议期间的碳排放，实现“零碳排放”目标。这些都是厦门在党的环境政策指导下的地方创新和探索。

小结

面对经济发展和环境保护的时代之问，厦门市政府立足于厦门客观的物质生产条件治理厦门生态环境，思考开发建设方式，编制《1985 年—2000 年厦门经济社会发展战略》，设立生态环境专题；整合发展要素，推动同安军营村绿色发展。《1985 年—2000 年厦门经济社会发展战略》中提出要“创造良好的生态环境，建设优美、清洁、文明的海港风景城市”，厦门市历任干部以习近平主持制定的发展规划为思想指引和行动遵循接续建设，把厦门建成花园城市的样本。2017 年 9 月，习近平总书记再到厦门时称赞道：“抬头仰望是清新的蓝，环顾四周是怡人的绿。”[1] 这些硕果的取得是厦门人民基于马克思主

---

[1] 赵永平，颜珂，王浩. 筼筜湖治理的生态文明实践［N］. 人民日报，2021－06－05（3）.

义立场、观点、方法对时代之问的思考，是坚持现实问题针对性和战略前瞻性的结合，坚持普遍的环境政策与厦门特殊的地情结合，坚持马克思主义理论指导与实践探索结合，围绕自然做文章，在绿色发展中提供了花园城市建设的样本经验。

第三章

绿色山区样本：宁德生态文明建设

宁德曾是全国扶贫第一村所在地，今天也是闻名遐迩的绿色脱贫地区。宁德的绿色发展离不开历任宁德干部和宁德人民的努力，更离不开时任宁德地委书记习近平开展的实践探索。习近平在宁德工作仅 1 年 11 个月，却留下思想的大部头《摆脱贫困》，这期间他添绿、护绿，引领当地百姓用好山海辩证法，使绿色转变为财富，今天仍是宁德人民的行动遵循。作为生态脱贫的典型样本，宁德干部承载着继续探索绿色致富体制机制的重任，今天绿色山区宁德在城市环境治理、绿色产业发展、体制机制创新等方面取得一定的成绩，成为山区绿色脱贫发展的样本。

第一节　绿色山区宁德生态文明建设的相关论述和探索实践

宁德地处福建东北翼，也称闽东，地处偏僻，曾经百姓生活贫困。1988 年该地区经济总量处于全省末位，地区生产总值仅有 20.11 亿元，福建省生产总值 383.21 亿元；该地区的人均生产总值为 738 元，与福建省人均生产总值 1349 元相差较大，属于“老、少、边、岛、贫”地区。全地区 9 个县级行政区中 6 个是贫困县，120 个乡镇有 52 个是省级贫困乡镇，270 万人口中贫困人口总数达到 77 万，一度被列为全国集中连片特困地区，是全国扶贫第一村所在地。[1] 贫困的

---

[1] 福建省统计局．宁德经济社会发展谱写新篇章——新中国成立 70 周年福建经济社会发展成就系列分析之八［EB/OL］．（2019 - 08 - 19）［2021 - 05 - 01］．http：//tjj.fujian.gov.cn/ztzl/xzg70/201908/t20190819_4967365.htm.

宁德怎样发展，是每一任宁德干部思考的主题。

1988 年 6 月至 1990 年 4 月，习近平担任宁德地委书记，全面主持宁德工作。在宁德工作期间，他立足于宁德经济、社会、自然资源现状进行探索实践。《摆脱贫困》是这期间实践探索的主要理论成果，共收录了习近平在宁德工作期间的 29 篇讲话稿和文章。宁德人民遵循他的治理思想，勇于探索实践，念好山海经、发挥山海优势，山海田一起抓，发展乡镇企业，农、林、牧、副、渔全面发展；执行森林是水库、钱库、粮库的理念，推动林业发展；走发展大农业、综合立体生态农业之路。

一、念好山海经，优化产业结构

山海相连，山多地少，海岸线长 1046 公里，闽东山海交融、风景独特，但长期以来宁德产业却以自然经济、小农经济为主，产业结构不够合理，企业之间的生产联系和协作配套不足，名优特产品的优势不足，山区资源和海洋资源开发步伐缓慢，山海自然优势未发挥出来。如何寻求突破口是宁德历任干部思考的问题。

改革开放初期，宁德干部和百姓都渴盼发展工业、建设城市、完善基础设施，推进工业化、城镇化建设。习近平带领宁德干部走遍闽东九县开展调研后，1988 年 9 月在《弱鸟如何先飞——闽东九县调查随感》文中提出“闽东走什么样的发展路子，关键在于农业、工业这两个轮子怎么转”[1]，“在农业上，‘靠山吃山唱山歌，靠海吃海念海经’，稳住粮食，山海田一起抓，发展乡镇企业，农、林、牧、副、渔全面发展”“‘吃山’，要抓好林、茶、果”[2]，“工业上主要是正确处理速度和效益的关系”[3]。之后他还提出“发展林业是闽

---

[1] 习近平．摆脱贫困［M］．福州：福建人民出版社，1992：6.

[2] 习近平．摆脱贫困［M］．福州：福建人民出版社，1992：6.

[3] 习近平．摆脱贫困［M］．福州：福建人民出版社，1992：7.

东脱贫致富的主要途径。林业是闽东财政收入的重要来源之一”[1]。

宁德地委、宁德政府唱好经济大合唱，各县市纷纷着力于当地客观的自然条件、物质生产基础推动当地经济发展；并根据自然资源的差异因地制宜地调整其产业结构，使得宁德产业结构逐渐与其自然资源相吻合，多形式推动经济发展。如山区发展林业、茶产业、休闲农业等，沿海发展渔业，大力发展海洋经济，突出山海优势，努力把资源优势转化为经济优势。宁德共有9个县（市区），各县（市区）基于当地的历史、人文地理，自然资源的差异，推动发展“一县一品”工作。宁德洪口乡身处大山，曾经经济落后，这里一方面继续造林，大量种植经济作物，另一方面利用丰富的水资源，建成水库发电，今天这里已经成为旅游景点。周宁县原是宁德的贫困县，今天利用当地鲤鱼溪有故事、有传统来发展旅游业，吸引着各地游客。古田县则推进以种养为主的开发性生产，对涉农产业进行综合立体开发。上杭县古田镇推广种植食用菌。福安市坦洋村则继续保护、发展和应用好坦洋工夫茶这个品牌，推动福安市坦洋村的工夫茶逐渐走出福建省。宁德霞浦县虽然地处沿海，海域面积达29592.6平方公里，其经济并不发达，但在《霞浦县志》和《福宁府志》中就曾记载霞浦官洋井“因洋中有淡泉涌出而得名”，当地利用此资源优势，推动海上经济的发展，老百姓因此而富裕起来。为了解决过度捕捞带来的资源枯竭问题，习近平提出把大黄鱼育苗繁殖纳入“星火计划”，今天大黄鱼是宁德人民的致富鱼。这也成为“从习近平福建五件‘生态往事’探寻绿色发展密码”的第二件密码。[2] 这些“一县一品”今天都已经成为宁德各县（市区）响当当的品牌，走出宁德，走向福建省和全国。这些“一县一品”也是宁德各地政府念好山海经，整合山海资源、优化产业结构而得。

---

[1] 习近平．摆脱贫困［M］．福州：福建人民出版社，1992：110.
[2] 央视网．从习近平福建“生态往事”探寻绿色发展密码［EB/OL］．(2021-03-23)［2021-04-01］．https://news.cctv.com/2021/03/23/ARTIpwFbuuVXJvWe03IPKibA210323.shtm.

二、森林是水库、钱库、粮库，推动林业发展

宁德虽然是山区，但当时森林资源并不丰富，在20世纪70—80年代，宁德曾通过新造、改造方式增加700多万亩森林，然而森林覆盖率和绿化程度仍然较低。宁德人民生活贫困、物质匮乏，人们正常生活所需无法得到满足，少部分人的温饱问题尚未彻底解决，砍树烧饭、砍树售卖成为解决生活问题的重要方式，林木砍得多造得少，荒芜的山头与日俱增。如何解决好这个两难问题，一直困扰着当地干部。面对此矛盾，如何基于当地客观的物质生产条件摆脱贫困是一个现实的难题。

森林系统是自然生态系统的重要组成部分，具备重要的生态效益，能够美化环境，涵养水源，保持水土，防风固沙，调节气候，能实现生态环境良性循环等；它也是经济发展系统重要的物质基础，在经济社会系统具备重要的经济效益、社会效益。但关键问题是如何在生活贫困的宁德协调好种树、养树、靠树发展的新路。习近平紧紧抓住宁德山区特点，围绕自然资源做文章，提出"森林是水库、钱库、粮库"❶ 的理念（以下简称"三库"理念）；提出为了统一思想认识，"必须把振兴林业真正摆上闽东经济发展的战略位置"❷。这些创新性思路、理念和举措逐渐把森林转化为钱库。

为了使林业成为宁德各地农业、工业和乡镇企业发展的重要依托，成为闽东财政收入的重要来源，成为闽东人民脱贫致富的主要途径，宁德地委、宁德政府不断深化林业体制改革，推动林业发展。首先绘制林业振兴蓝图，推动造林工作，为此确立了7年的造林计划，确保1995年完成荒山绿化任务。当时闽东林业所面临的问题——森林赤字多达30万立方米，而今天宁德的森林覆盖率已经达到69.81%，超过了福建全省的森林覆盖率。其次对林业进行立体开发，将其与粮食生产、百姓收入相结合。宁德地区行署制定出台《关于发

---

❶ 习近平. 摆脱贫困［M］. 福州：福建人民出版社，1992：110.
❷ 习近平. 摆脱贫困［M］. 福州：福建人民出版社，1992：111.

展我区林业生产若干问题的意见》，就“巩固林业‘三定’成果、自留山、集体山地承包经营、集体林木承包经营、山地开发利用、控制森林资源消耗、发展食用菌原料、封山育林、林业违规处理”[1] 9个方面对林业发展作出明确规定。最后加强管护工作，解决好林权问题，完善好林业责任制和林业经营机制，为此各地实行领导干部任期内林业目标责任制，还创建造林示范点。这些举措使宁德逐渐绿满山头，也使得百姓生活逐渐改善。

三、走发展大农业、综合立体生态农业之路

农业是重要的生产部门，关系到国家安全稳定，更关系到农民生活水平。历史上中国就是农业大国，但这个农业大国的农业却是小农产业，以满足自身生活所需为生产目的，生产仅能解决人们的温饱需要，生产规模较小，生产力落后，百姓生活水平低。彼时“老、少、边、岛、贫”的宁德经济落后，经济主体依然是自然经济的小农产业。怎样基于宁德的物质生产条件推动农业发展是个难题。

时任宁德地委书记的习近平对农业如何发展的思路非常清晰，紧紧抓住宁德的物质生产条件，提出“我们穷在‘农’上，也只能富在‘农’上”，“我们要的是抓大农业”[2]，大农业即“朝着多功能、开放式、综合性方向发展的立体农业。它区别于传统的、主要集中在耕地经营的、单一的、平面的小农业”[3]，还提出农业要实现三个转变，即“一是以资源开发为主逐步转向技术开发、产品开发的内涵型生产为主；二是以产量型生产为主转向质量型、出口型、创汇型为主；三是以小商品生产流通为主转向以大批量生产、大范围流通为主”[4]。这些发展思路为当时以自然经济、小农业为主的宁德吹来了发展

---

[1] 中央党校采访实录编辑室．习近平在宁德［M］．北京：中共中央党校出版社，2020：342.

[2] 习近平．摆脱贫困［M］．福州：福建人民出版社，1992：6.

[3] 习近平．摆脱贫困［M］．福州：福建人民出版社，1992：178.

[4] 习近平．摆脱贫困［M］．福州：福建人民出版社，1992：185.

新风。

宁德地委、宁德政府首先改变传统观念，开始用农业商品生产观念替代自给自足的小农经济观念，用大粮食观念代替以粮为纲的旧观念，用新农业效益观替代单体经济效益观，发展走向市场的综合的立体的生态农业。其次基于宁德的生产基础拓展大农业发展路径，在农业综合开发上下功夫。这种综合开发主要体现在以下几个方面：一是进行多层次开发和深层次开发。多层次开发即开发一些宜农、宜林、宜渔的新资源。深层次开发则对农田进行改造，提高出产率，要求走技术开发之路，而不再停留在资源的简单开发。如古田县委积极推动综合开发，即山上开发、田园开发、庭院开发、科技开发四个方面，不仅推进庭院食用菌生产，还推进库湾、池塘、网箱养鱼，进行立体开发。二是把农业作为一个生态系统工程来开发，追求总体效益，而这个总体效益即指生态效益、经济效益和社会效益的统一，这也超越了传统农业单体经济效益观；同时为了追求农、林、牧、副、渔的综合效益，要求各项产业之间加强联系、相互促进，改变过去仅追求单体经济效益的做法。如古田县在发展农业基础上，发展食用菌种植，并不断创新食用菌培植原料，减少对林木原料的需求。三是推进工农业互促。宁德经济落后，人多地少，自然资源相对不足，大农业的发展离不开工业，要做到以工补农和以工促农，要走科技兴农之路。如福安县完成了湾坞 6000 亩围垦工程，还建立农业基地，种植黑荆树、绿竹、茶叶、水果，养殖水产等项目，逐渐形成规模效益；与此同时还打造“食品工业”，推动韩阳镇的电机电器、赛岐镇的打火机等配套生产。柘荣县也整改工农业生产，通过整改，“1992 年全县工农业产值达到 24848 万元，财政收入达到 2308 万元”[1]。

宁德地委、宁德政府主要立足于宁德自然资源情况思考经济发展思路和路径，根据山海资源，念好山海经、唱好经济大合唱，优化产业结构；根据山区特点，提出森林是水库、钱库、粮库，振兴林业发展；根据当地农业生产水平，提出要走大农业发展的路子，走综合立体生态农业之路。宁德各县（市

[1] 中央党校采访实录编辑室．习近平在宁德［M］．北京：中共中央党校出版社，2020：217.

区）因地制宜、量力而行、注重效益，逐渐走出宁德的绿色脱贫之路。据统计，“1989 年宁德财政收入就达到 1.9 亿元，增加了 5000 万元。而 1987 年整个宁德地区财政收入也就 1.1 亿元，1988 年也才 1.4 亿元左右……当年全区人均纯收入 554 元，比 1987 年增加 200 多元，基本解决绝大多数贫困户的温饱问题”。[1] 这些都有赖于经济大合唱，有赖于山海辩证法。这些探索实践是一笔宝贵的财富，既为宁德生态文明建设奠定基础，也成为宁德接续开展生态文明建设的行动遵循。

第二节　绿色山区宁德接续建设生态文明

宁德是习近平在福建工作的第二站，他留下的工作经验与全局思考理论给宁德人民指明了发展的前瞻方向。宁德人民发扬“滴水穿石、人一我十、力求先行”的闽东精神，按照他的决策部署，遵循他的思想指引，接续建设绿色山区宁德，把生态文明理念融入宁德建设的各方面和全过程，创新推出更多可复制、可推广的生态文明建设模式。一个贫困山区通过走绿色发展之路摆脱贫困，开始走向共同富裕的建设道路。

一、建设绿色山区宁德

宁德虽然天生丽质，但经济发展也带来了一些生态环境问题，比如农业的面源污染严重、粗放的矿产开发使得粉尘和污水污染严重、工业的能源清洁度不够、海洋渔业养殖中鱼料的残渣和白色污染等，这些都直接影响着宁德的自然生态环境。在习近平绿色理念的引领下，宁德地方政府一任接着一任持续治理生态环境，就为留住碧水、蓝天和清新的空气。

---

[1] 中央党校采访实录编辑室. 习近平在宁德［M］. 北京：中共中央党校出版社，2020：340.

第一，加强水治理，为宁德留住一片碧水。

为留住一片碧水，宁德市既有宏观政策的统一规范，如深化“河湖长制”改革，在加快推进环三都澳区域发展时要求建设绿色宜居海湾新城，也有专项领域对农村污水、海产品养殖污水、矿产开发粉尘等方面的治理。专项领域的治理工作，一是开展生活空间的污水治理，如在农村开展人居环境治理工作，推动农村改水改厕工作，为农民提供更好的生活环境和生活条件，成为厕所革命的先驱和示范；在市区治理城市污水，截至 2021 年宁德中心城区黑臭水体基本消除。二是在海产品养殖区治理海漂垃圾等，为此宁德市设立“宁德市海洋生态特别保护区”，2019 年专门出台《宁德市三都澳海域环境保护条例》，对海域污染防治、陆源污染防治等进行规范监管，采用高密度塑胶鱼排替代传统白色泡沫浮球鱼排，回收养殖塑料垃圾袋，从源头减少海漂垃圾，用数字化监控海漂垃圾，与此同时在环境治理中升级养殖产业，累计投入超 45 亿元。三是在矿区加强污染防治和保护水源的工作，如关停古田县 135 家和寿宁县 7 家石板材加工企业，还加强中心河流的治理，加强安全水系建设，采取控源截污、内源治理、生态修复的方式综合治理宁德市福洋溪、霍童溪，使曾经的“红河谷”变身为“绿托溪”，2022 年霍童溪的治理成为福建省唯一入选全国首批美丽河湖优秀案例，宁德重点流域优良水质比例达到 100%，2023 年宁德地表水环境质量位列全国第 25 位。

第二，加强空气治理，为宁德留住一片蓝天。

宁德的空气污染主要源于工业和矿业领域不当的发展方式。因此，宁德市政府首先以生态立市为指导，发展生态工业园，环保节能成为工业开发的重要标准，全国首家按照最新环保排放标准建设的热电厂在福鼎已建成投运。其次，淘汰落后产能，取缔粗放式的资源开采方式，如关停地条钢企业、石材企业等。古田县鹤塘镇还在生态修复中培育新经济体，石材产业曾是古田县鹤塘镇的主要产业，是人们衣食来源，但机床的噪音、粉尘的污染直接影响人民生活，如何实现可持续性发展，使老百姓生计不受影响是一个难题。鹤塘镇按照“调结构、夯基础、优环境、惠民生”思路进行产业转型；按照“资源化治理、市场化运作”原则，在全省范围内率先以废弃渣石的综合利用来推动矿山生态修复治理，并引进企业治理石材废渣。经过系统整改，全市主要污染物排放总量得到有效控制，《2022 年宁德市政府工作报告》中就统计出当年“实施污染防治工程 76 个，空气质量优良天数比例 99.9%”。[1]

第三，推动城市绿化，加厚宁德绿色底蕴。

宁德市以“共创森林城市，共享创森成果，共建美丽家园”为指导，全面开展绿化工作。宁德森林覆盖率 2021 年达到 69.98%[2]，这主要得益于宁德不断推动城市绿化，加厚宁德绿色底蕴。首先，宁德从全区整体出发，编制《宁德市国家森林城市建设总体规划》，确立宁德森林建设框架，推动各县、镇、村争创森林城市、森林城镇、森林村庄，并制定《宁德市全面推行林长制的实施方案》加强森林管护。其次，按照城乡一体原则进行绿化，将山上的绿色延伸到山下。最后，实施造林绿化工作，在环城建设森林生态景观带、在重点区位做好森林修复和质量提升工作，将荒野滩涂升级为宁德市东湖湿地公园，建设绿色走廊，实现“让森林走进城市，让城市拥抱森林”目标。宁德市空地也全面绿化，市民可以共享绿色福利。宁德市政府对生态环境一如既往地重视，使得宁德具有高颜值的自然生态。近年宁德市生态环境质量位居全省前列，大气、水环境质量均保持良好。2019 年宁德市荣获“国家森林城市”称号、入榜中国“绿都”城市，2021 年全市有林地面积 1487.80 万亩，森林蓄积 5340.31 万立方米。[3]

二、发挥山海优势增收致富

在宁德工作期间习近平为宁德描绘了绿色发展的蓝图，宁德干部一张蓝图

---

[1] 宁德市人民政府. 2022 年宁德市政府工作报告［N］. 闽东日报，2022－01－28（1）.

[2] 宁德市人民政府. 2022 年宁德市政府工作报告［N］. 闽东日报，2022－01－28（1）.

[3] 缪星. 我市城乡绿化美化水平显著提升——全市森林覆盖率 69.98%，9 个县（市、区）实现省级森林城市全覆盖［N］. 闽东日报，2021－12－10（3）.

绘到底，念好山海经，发挥山海资源优势，推动生态产业的发展，发展生态农业、特色产业、生态旅游、海洋经济等，将城市人才、资金等与自然资源相结合，继续落实好山海辩证法，推动宁德人民脱贫致富。

第一，发展大农业，推动宁德绿色发展。

农业是宁德的基础产业，宁德市政府按照习近平在宁德工作期间提出的综合立体大农业的方向走出了农业发展新路，即在发展特色农业基础上推动休闲农业发展，在振兴林业经济基础上发展林下经济。

首先，推动休闲农业的发展。休闲农业是新型农业经营模式，主要通过发挥田园风光等优势，吸引并满足人们对农业体验需求的旅游形态。宁德在坚持发展传统特色食用菌、果蔬的基础上，依托农村自然风光，建设特色水果基地，推动休闲农业发展，满足游客回归自然的需求，使其成为农村经济新的增长点。当前宁德典型休闲农业类型有三种：一是开发农业示范园为休闲游览景区，如福安赛岐万亩设施葡萄产业园等；二是开发自然生态林、果、茶场为观光景区，如福安城阳的新坦洋天湖山庄等；三是开发文化古村落为观光景区，如蕉城区石后乡的小岭休闲农业观光园，文旅合作项目较多。宁德市各级政府充分利用各类资源，推动休闲旅游经济的发展，多个项目成为全省乃至全国旅游的精品线路。

“一县一品”特色产业也走出宁德，如古田食用菌产业，其人工栽培的银耳，占据全国95%、全球90%市场份额。作为扶贫第一村的福鼎赤溪村也通过发展生态旅游、绿色果蔬、花卉产业提高村民收入，当地村民收入从“当年人均年收入仅为200元的穷山村，如今人均年收入已超过15000元”[1]，村民通过走绿色发展之路，逐渐脱贫致富。

其次，发展林业经济。森林是宁德重要的资源，当前宁德主要通过发展林下经济、林权交易等方式来实现林业价值。在宁德工作期间习近平高度重视林业经济发展，提出“森林是水库、钱库、粮库”理念，并推动林业改革。近

---

[1] 中央党校采访实录编辑室．习近平在福建（下）[M]．北京：中共中央党校出版社，2020：80.

年来宁德人民以此为指导不断造林护林，不仅使闽东山清水秀，还使闽东人民依靠绿色脱贫致富。2021 年宁德森林覆盖率达到 69.98%，闽东人民通过发展林业经济走上致富道路。周宁县七步镇后洋村依靠发展林业经济从之前的“输血脱贫”变成“造血脱贫致富”，曾被时任宁德地委书记习近平肯定的黄振芳家庭林场，今天林场面积已经达到 7300 多亩，后洋村把它们化身为绿色银行。林下经济是一种绿色、立体、循环、可持续经济，是山区经济持续增长的优势产业，后洋村通过引进牧业、三杉花卉企业落户，形成“林、茶、果、牧、养”结合的产业；种植金线莲等，发展林下经济，并走上林旅融合发展之路，发展旅游产业。“2020 年，后洋村村民人均收入达 2 万元，村集体经济收入达 14.7 万元”❶。周宁县还以林业碳汇资源推动周宁绿色发展，2017 年周宁县就开展林业碳汇试点，使森林不仅是水库、钱库、粮库，还是碳库，2022 年后洋、苏家山等 9 个村发放碳汇贷 136 万元，共卖出 3.4 万吨碳指标。柘荣、福安对重点区位的商品林还开展赎买试点，实现生态效益与群众增收的双赢，“什么时候闽东的山都绿了，什么时候闽东就富裕了”成为现实。

最后，发展茶产业。在宁德工作期间习近平曾指导当地推进茶种改造，提升茶叶质量。坦洋功夫茶、福鼎白茶等通过不断提升茶的品质使其走出宁德，走向全国和全球了。今天福安社口镇坦洋村茶产业也成为该村重要的产业，“坦洋村茶园面积已达 4900 多亩，茶叶产量也达到 400 吨，通过建起电商直播间、茶叶技术培训中心、茶产业园等方式脱贫致富，并辐射周边，带动 30 多万涉茶人口增收”❷。为提高茶品质，宁德从源头建设生态茶园，减少农药的使用；在制茶过程中，引进清洁加工生产线，提高茶叶标准化、清洁化加工水平；还致力打造茶产业文化旅游基地，如福鼎市点头镇观洋村建有茶文化博物馆等，推动茶叶的发展和文旅相结合。寿宁县下党乡也通过发展茶产业走上脱

---

❶ 宁德市周宁县人民政府官网．周宁七步后洋村：荒山复垦成了“绿色银行”［EB/OL］．（2021－08－09）［2021－10－08］．http：//www.zhouning.gov.cn/zwgk/znyw/202108/t20210809_1507763.htm.

❷ 新时代 新征程 新伟业 福建坦洋村：发展茶产业 助力乡村振兴［EB/OL］．（2022－12－17）［2023－09－15］．https：//tv.cctv.com/2022/12/17/VIDEbXFy5VbRo3YQMzbVZvf1221217.shtml.

贫路。下党乡曾是省级贫困乡，其收入主要依靠农作物，其中茶产业一直以来都是当地百姓的收入来源之一，为了生计青壮年多外出务工，1988 年贫困率达到 70%。今天寿宁县下党乡立足当地自然资源发展定制茶园项目脱贫，600 多亩高山茶走出乡村进入市场。定制茶园项目只卖茶园不卖茶，此项目通过整合一家一户零散的茶园向全国招募爱心茶园主，茶园主可通过线上了解茶园、线下参与农事方式体验农作，此模式入选了国务院扶贫办（2021 年 2 月改为国家乡村振兴局）全国 12 则精准扶贫案例之一。下党乡还立足当地自然风光和绿色文化、红色文化发展民宿旅游项目精准脱贫，村民在村头开起了幸福茶馆。2018 年宁德寿宁县下党乡获全国脱贫攻坚组织创新奖，“农民人均可支配收入从 1988 年的 186 元增长至 2019 年的 14777 元”❶。

第二，推动工业绿色化发展。

宁德工业基础薄弱，在宁德工作期间习近平就提出要根据能耗调整产业结构，宁德市政府遵循其要求发展生态工业。首先，在空间布局上，部署好工业发展空间，划分好城市、农产品、生态功能区的布局。其次，构建清洁生产体系，严格实施产业准入标准，提升各行业清洁生产技术，推进循环经济发展，如榕屏化工、力捷迅药业等；还努力建设技术领先的世界锂电之都、世界最大不锈钢产业基地。最后，发展清洁能源，统筹推进核能、风能、水能、太阳能等发电产业发展。宁德时代成为汽车新能源电池龙头企业之一，周宁县作为国家重点生态功能区也充分发挥自身资源优势，推动能源结构转型，福建周宁抽水蓄能电站是福建省重点清洁能源项目，每年可生产优质清洁电能 12 亿千瓦时，截至 2023 年 4 月，该电站减少标煤消耗 27.88 万吨，减少二氧化碳排放 55.75 万吨❷；交通工具也倡导使用绿色新能源，这些绿色项目都得到绿色金融的支持。绿色逐渐成为宁德工业的主色调，2021 年宁德周宁县被生态环境部命名为国家生态文明建设示范区。

---

❶ 郭晓红．寿宁下党乡：创新产业发展模式开辟乡村振兴新路径［EB/OL］．（2020－11－30）［2021－03－01］．http：//www.ningde.gov.cn/zwgk/gzdt/qxdt/202011/t20201130_1401439.htm.

❷ 魏知秋，郑文敏．周宁：大山里的“碳素”［N］．闽东日报，2023－04－23（1）．

第三，推动旅游产业发展。

宁德旅游资源较为丰富，既有山海相映的岛屿，也有独特的畲族风情，旅游产业也曾是习近平在此工作期间主导的产业之一。受交通不便的影响和发展理念的束缚，闽东之光曾养在深闺不为人识。今天太姥山、白水洋、鸳鸯溪、三都澳、杨家溪、鲤鱼溪、福鼎嵛山岛、白云山、支提山国家级森林公园都成为全国知名的旅游景点。宁德逐渐成为国内、省内民众重要的旅游之地，旅游收入也成为宁德人民重要的收入来源。当年贫困的周宁县通过创建中国鲤鱼文化之乡、国家级鱼文化主题公园等推进省级全域旅游试点县建设，宁德市政府还推动“城旅共兴”“古村落 + 文创”“摄影 + 民宿”“渔旅融合”等新业态的旅游发展模式。近年来，宁德重点打造了蕉城秋竹、福安下白石、福鼎安仁、霞浦七星等一批以渔旅融合为特色的“水乡渔村”休闲渔业示范基地，重点推进了霞浦大京、福鼎牛栏岗等 7 个滨海旅游项目。

第四，推动海洋经济发展。

宁德海岸线长达 1046 千米，滩涂面积广，海域面积达 4. 45 万平方千米[1]，水产种类多，海洋资源丰富，达 600 多种水产资源，被誉为天然鱼仓，海洋经济发展前景广阔。今天宁德人民“靠海吃海念海经”，大力发展海洋经济。

首先宁德市大力发展大黄鱼养殖业，宁德人民靠“念海经”过上了新生活。自习近平倡导人工养殖大黄鱼之后，宁德三都澳发展为全国最大的大黄鱼海上养殖基地，每年有 30 万网箱养殖量，产量达到 10 多万吨，从业人员达到 10 万人，成为响当当的中国大黄鱼之乡。宁德成为我国最大的大黄鱼网箱产地，建成全国唯一的国家级大黄鱼原种场。在习近平“应把网箱养殖珍贵海鱼当作星火计划发展，并争取上级和海外投资”的批示下，在政府资金支持下，大黄鱼人工育苗量产及养殖应用技术研究在 1990 年获得成功，之后该项技术获得国家科委农业“星火计划专项贷款”。今天全国 80% 以上的大黄鱼产

---

[1] 吕巧琴，吴允杰.“中国大黄鱼之都”福建宁德：水清民富 绿色发展［EB/OL］.（2022 - 08 - 25）［2022 - 12 - 31］. http：//www. fj. chinanews. com. cn/news/fj_xjj/2022/2022 - 08 - 25/508323. html.

自宁德，年产值超过 60 亿元。[1] 一尾黄鱼游出产业新天地，大黄鱼成为宁德人民的大金鱼。其次宁德市还推进海洋科技创新基地建设，培育特种海产品，如海带、坛紫菜、鲈鱼、曼氏无针乌贼、海参、贝类等。再次宁德市探索建立海域使用管理长效机制，推进海上养殖综合整治，推动水产养殖加速转型升级，如推行“企业合作社 + 公司 + 渔排联合体 + 基地 + 标准化”的组织模式发展水产业。据统计，2021 年宁德市渔业总产值达 318.4 亿元，渔民人均纯收入达 28886 元。[2] 最后宁德市发展海上旅游也成为宁德人民经略海洋的重要路径。2023 年 4 月 16 日，宁德市在宁德港务集团 7 号趸船码头举行游轮试航仪式，宁德市着力打造以游轮为载体的海上旅游产品，助力海洋经济发展。

三、在体制机制创新中建设绿色宁德

在进行生态文明建设过程中，宁德也致力于体制机制的创新，具体而言，在治理机制、发展方式等方面都有创新，并形成相关的经验，有力推动着宁德的经济社会发展。

经验之一是多举措治理环境。在河长制基础上，从流域的整体性出发，建立首个设区市级跨省界闽浙（温州・宁德）跨界污染纠纷预防与处置联席会议制度，建立多元化流域生态保护补偿机制，对河流也实行河流管养分离。与此同时还探索河流智慧管护模式，福安穆阳溪就成为全国首条“智慧河湖”亮相第二届数字中国建设峰会。经验之二是进行生态政绩考核，并差异化确立各地考评指标，对重点生态功能区提高生态指标、降低工业指标考评。为此宁德市进行自然资源统一确权登记，启动自然资源资产离任审计试点，制定出台《宁德市生态文明建设目标评价考核办法》，创新生态政绩“核算”制度，建

---

[1] 段金柱，赵锦飞，林宇熙．滴水穿石，功成不必在我——习近平总书记在福建的探索与实践・发展篇［N］．福建日报，2017-08-23（2）．

[2] 吕巧琴，吴允杰．“中国大黄鱼之都”福建宁德：水清民富 绿色发展［EB/OL］．（2022-08-25）［2022-12-31］．http：//www.fj.chinanews.com.cn/news/fj_xjj/2022/2022-08-25/508323.html.

立市、县两级的“林长 + 法院院长”“林长 + 检察长”“林长 + 警长”的协作来落实林长制。经验之三是遵循主体功能区规划推进绿色发展，划定生产、生活、生态空间，构建山海协同发展机制。宁德市政府制定了《宁德市海洋功能区划（2013—2020）》，2021 年还划定生态空间，形成城市生活区、农产品生产区、生态功能区。经验之四是健全农产品质量安全监管和生态补偿机制，建立省级农产品质量安全生产主体追溯平台，如建设茶叶质量可追溯体系。经验之五是发展绿色金融，推动绿色经济发展。全省首个环保类地方性公募基金会在宁德落户，全国首个“海上信用渔区”也在宁德落户，“仓单质押”“茶贷通”“益农宝”等金融产品服务于宁德经济社会发展。

第三节 绿色山区宁德生态文明建设的经验启示

绿色山区宁德的生态文明建设是历任宁德干部从环境保护和经济发展的现实矛盾问题出发，从宁德客观的物质生产条件出发，坚持从马克思主义立场、观点和方法出发，围绕山海做文章。宁德干部战略前瞻性地认识宁德环境问题，在主客观辩证法结合中形成科学的生态理念指导生产实践，在党的环境政策指导下建设“机制活、产业优、百姓富、生态美”的绿色宁德，提供了绿色脱贫致富的宁德版经验。

一、战略前瞻性地认识宁德环境问题

当经济发展和环境保护的时代之问以守着绿水青山过穷日子的方式展现时，需要人们跳出自然看自然，跳出自然问题解决自然问题；需要从自然的系统性，从人与自然关系的整体性，从经济、社会和生态的统一性中把握矛盾，采用战略思维来解决现实问题。

战略思维使人们解决问题的思路超越了时空的限制，认识到事物的发展是阶段性与连续性的统一，矛盾会随着时间和形势的变化而变化，要根据矛盾的变化进行战略预见，在工作中要将现实问题的针对性和政策前瞻性结合起来。

2021 年 11 月 11 日，习近平主席参加亚太经合组织工商领导人峰会时，以《坚持可持续发展 共建亚太命运共同体》为题进行演讲时就说："我曾在中国黄土高原的一个小村庄生活多年，当时那里的生态环境受到破坏，百姓生活也陷于贫困，我那时就认识到，对自然的伤害最终会伤及人类自己。"❶ 显见，习近平早在陕西延川县文安驿公社梁家河大队插队时就已从时间的延续性认识到对自然的伤害最终会伤及人类。

在发展是硬道理的时代话语中，偏僻的宁德承担着百姓脱贫的使命，但既有的发展方式和发展道路带来了环境问题，为此宁德干部从宁德各地实际情况出发，追求经济、社会和生态效益的统一，辩证认识并把握经济发展和环境保护对立统一的关系。一是在环境治理层面，跳出治理进行治理，如推动荒山添绿、推动林业改革，其战略进路和战略目标非常明确。二是在发展方式层面，当传统的自然资源开发和生产模式无法带来发展时，因地制宜，念好山海经，走大农业发展之路，这些都是全局思维在发展观上的具体运用，是跳出自然资源的环境功能认识自然资源效能，从人—社会—自然生态整体系统出发推动经济社会发展。

今天宁德干部一任接着一任干，先后制定《宁德市城市总体规划(2005—2020)》《宁德市土地利用总体规划（2006—2020 年)》《宁德市城市总体规划（2011—2030)》等推动宁德经济社会发展。为了协调经济发展和环境保护的矛盾，宁德市政府还加强体制机制改革，在协调解决经济发展和环境保护矛盾中帮助当地百姓摆脱贫困。在农村健全环境治理体系，在山区推进商品林赎买试点；建立生态环境损害赔偿制度，将《宁德市三都澳海域环境保护条例》执法检查等三项监督议题列为常态化监督项目，减少破坏生态环境

---

❶ 央视网. 习近平：驰而不息为全球绿色转型作出贡献［EB/OL]. (2021 - 11 - 11)［2021 - 11 - 12]. http://politics.people.com.cn/n1/2021/1111/c1024 - 32279104.html.

的行为；建立环境治理各方平等对话和利益协商机制，制定实施《宁德市生态环境保护公众参与保障办法（试行）》，鼓励公众参与环保部门实施的重大环境保护公共事务活动。在科学规划和具体实践的结合中，宁德地区生产总值从 1988 年的 20.1 亿元增至 2021 年的 3151 亿元，宁德农村居民人均可支配收入从 1988 年的 492 元增至 2021 年的 21282 元，[1] 贫困县、贫困村帽子纷纷摘掉，高质量的绿色发展使宁德在全省的经济排名逐渐靠前，从“老、少、边、岛、贫”地区逐渐成为全国百强城市。

二、在主客观辩证法结合中提出“森林是水库、钱库、粮库”等生态理念

人类需要对物质世界反复出现的现象进行考察，才能抽象出表象下被遮蔽的客观规律，人与自然的关系如何在复杂的经济社会中实现统一，需要遵循主观辩证法与客观辩证法的结合、主观辩证逻辑和自然辩证逻辑的统一、客观社会发展规律和自然生态规律的结合，这样才能探索经济发展和环境保护协同推进的客观规律。面对环境难题和发展难题时，宁德市政府以高度的理论自觉进行探索实践，遵循自然辩证法不断思考并孕育出新的生态理念，这些新的理念指导着实践，推动当地经济发展和环境保护工作。

一部人类史就是自然史，人与自然的关系经历了人类畏惧依附自然到力图征服改变自然的过程，但人终究是自然的一部分，人通过劳动的方式与自然进行物质交换，“劳动首先是人和自然之间的过程，是人以自身的活动来中介、调整和控制人和自然之间的物质变换的过程”[2]。人类的劳动需要遵循自然规律、需要与自然和谐共处。彼时的宁德虽然拥海抱山，但受限于交通等原因，当地的经济发展极为落后，被称为“福州老九”，闽东北地区是 1986 年划定

---

[1] 吕巧琴，叶茂. 从“黄金断裂带”到新增长极：闽东之变［EB/OL］.（2022－10－04）［2022－12－31］. https：//chinanews. com. cn/gn/2022/10－04/9866527. shtml.

[2] 马克思，恩格斯. 马克思恩格斯文集（第五卷）［M］. 北京：人民出版社，2009：207－208.

的国家18个集中连片贫困地区之一，山多树少，偏僻落后，迫于生计人们上山砍伐，使得山林荒芜，物质的匮乏和生态的破坏同时并存。人与自然的矛盾在宁德以人民物资匮乏、生态破坏的方式表现出来。“森林是水库、钱库、粮库”的理念，从价值视角分析森林生态功能、经济功能，已经包含着绿水青山就是金山银山理念的种子，帮助当地百姓正确认识绿色财富价值，科学调整人与自然关系，这也是习近平生态文明思想的探索历程中重要的话语表达。正如2018年3月2日《人民日报》发表的《坚定不移的意志，始终如一的情怀》中评价：“近三十年过去了，习近平同志在宁德的有益探索，已经成为习近平新时代中国特色社会主义思想的重要来源和组成部分。”[1]

宁德市政府坚持人与自然的系统整体性，指导各县因地制宜发展特色产业，如周宁鲤鱼溪的旅游产业、霞浦官洋井的大黄鱼、古田的蜜桃、福安坦洋的功夫茶等；要求完善林业发展的经营机制或者责任制，不仅推动造林工作，还推动林业的立体开发；倡导根据产能发展生态工业。这些调整生产方式的举措使宁德人们改造自然的能力得以提升，也使宁德人民与自然关系更加和谐，使自在自然和人化自然在生产实践中获得统一。在新的生态理念指导下宁德实现了经济和环境的双赢，1990年8月12日《人民日报》以《宁德越过温饱线》为题报道宁德94%的贫困户基本解决温饱，较好地完成1987年党的十三大提出“三步走”的第一步目标，解决了人民的温饱问题。[2] 今天宁德的森林覆盖面积达到69.81%，生态理念在实践之中推动了宁德的经济社会发展，生态理念与生态建设之间互生、互存、互构、互蕴，两者高度统一于宁德发展之中。

宁德市政府以此为思想指引和行动遵循，念好“山海经”，坚持高质量发展，构建绿色循环的产业生态圈。一是坚守“森林是水库、钱库、粮库”理念蓄绿和护绿，发展绿色经济，把森林变成水库、钱库、粮库。近年来宁德市政府与闽北地区、福州和温州等地区进行森林碳汇、海洋碳汇交易，把森林变

[1] 任大平. 坚定不移的意志，始终如一的情怀［N］. 人民日报，2018-03-02（3）.
[2] 作者不详. 宁德越过温饱线［N］. 人民日报，1990-08-12.

成碳库。宁德市人民还发展以养殖和捕捞为主的蓝色产业，开发水电资源，发展以滩涂资源为主的白色产业，把海洋变成钱库。二是坚守“注重生态效益、经济效益和社会效益的统一”，发挥山海优势，发展山海经济，以“生态＋农业”“生态＋旅游”“生态＋新业态”模式不断培育绿色经济增长点，在以生态为先的基础上，实现脱贫致富与生态建设共赢，建设既美且富的绿色家园。三是发展大农业，如今茶叶、食用菌、果蔬和水产品等成为宁德的四大特色产业走出宁德，走向全国。在城市建设方面，结合宁德“山、海、河、湖、岛”等自然要素进行城市规划，建设山海交融的生态海湾新城。宁德人民在思想层面逐渐树立了绿水青山就是金山银山的理念，在生产实践中既收获了绿水青山，也得到了金山银山。

三、在党的环境政策指导下走出宁德绿色脱贫之路

宁德地处偏僻，人民生活贫困，经济急需发展，工业化意义上的环境污染在当时还不够凸显，但是如何发展、如何改变当地百姓生活面貌是一个难题，如何在保护自然环境的前提下开发自然是宁德干部需要思考的问题。在宁德工作期间，作为地方领导的习近平在国家环境保护和经济社会发展政策的指导下，思考的是如何发挥山区自然资源优势推进经济社会发展，并为处理好经济发展和环境保护的关系给出了宁德版答案。

经济发展和环境保护作为时代之问在宁德的主要表现是人们开发利用资源的能力有待于科学提升。人类认知史表明，从特殊性出发，我们才能把握好事物的本质和属性。地方政府需要在环境政策的指导下，从实际出发，具体问题具体分析处理经济发展和环境保护的冲突，并积累其处理问题的地方经验，中央政策与地方经验处于良性互动是经济发展和环境保护矛盾解决的重要条件。彼时的宁德，是福建省贫困的县市，生活的贫困、生态的破坏同时并存，普遍性环境政策和贫困山区如何开发自然资源脱贫是环境保护和经济发展在宁德的主要表现形式。宁德市政府用党的政策指导解决宁德各地的具体环境问题，探

索工业化、农业现代化过程适宜的发展方式，引领宁德干部科学认识自身自然资源优势和发展动力，并不断地把感性认识上升到理性认识。这种认识主要集中在自然资源和发展方式两个方面。1989 年 7 月，习近平在《制定和实施产业政策的现实选择》中谈宁德的产业政策，提出五要，即要“立足于‘大农业’的区情”“依区情区力，量力而行”“因地制宜，发挥区域优势”“根据自力更生的方针，工业的发展要与自我平衡能力相适应”“立足区域优势，科学地选择主导产业”❶，这些根据宁德实际提出的政策都指向当地的发展方式要以自然要素为基础。

地方干部在把握及解决经济发展和环境保护的难题方面在时间和空间上具有优势。宁德的绿色工程、山海辩证法、大农业理念等都绿意浓厚，又独具宁德地方特色，指导着宁德人民念好山海经，以生态保护为底线推动经济发展；在推动人与自然协调中发展经济，追求社会、经济、生态的综合效益，不以环境换取增长，推动绿色产业发展，在发展中保护环境，在保护环境中促进发展。

宁德面海背山，兼得山海之利，今天宁德的山绿了，宁德的老百姓也富了，宁德人民始终秉承习近平在闽东工作时提倡的绿色发展理念，将生态资源作为后发赶超的重要优势，将保护与开发有机结合，发展绿色经济、建设绿色宁德。宁德地方干部遵循山海辩证法，发挥山海生态资源优势坚守绿色发展道路，在“九山半水半分田”的宁德地区继续推进绿色工程，把荒山变成绿色，把海洋变成银库，把绿色山水变景观，使村民、渔民、林农在增绿蓄绿中增收致富，推动工业、农业两个轮子一起转动，如寿宁县下党乡的定制茶园、赤溪村的旅游扶贫、福鼎市柏洋村的产业致富、福安市下岐村的海蛏养殖，使得“山海经”成为闽东人独特的标识。2010 年时任国家副主席的习近平回到宁德调研时，他再次提到“当时的情况是，国家治理整顿不能上大项目，三都澳是台海前线，要顾全大局，只能实实在在地把群众贫困问题先解决……这样看

❶ 习近平. 摆脱贫困［M］. 福州：福建人民出版社，1992：128－131.

来，我们当初坚持‘不烧火’，扎实带领群众摆脱贫困这条路没有走错”。[1] 如今宁德市是全国最大的大黄鱼养殖基地、中国食用菌之都、中国茶叶之乡、中国中小电机之都；官井洋的大黄鱼、东吾洋的对虾、沙塘的剑蛏、沙江的牡蛎等闻名海内外，一方水土不仅养活一方人，而且养富一方人。

小结

面对经济发展和环境保护的时代之问，在宁德地委工作的习近平立足当地客观的物质生产条件，提出要念好山海经、唱好经济大合唱，“森林是水库、钱库、粮库”，发展大农业、走综合立体生态农业之路等理念，撰写了《摆脱贫困》，推动宁德各县（市区）绿色发展。习近平曾说“宁德是我魂牵梦绕的地方”，宁德历任干部以“森林是水库、钱库、粮库”等理念为思想指引和行动遵循接续建设。硕果的取得是宁德市历任干部基于马克思主义立场、观点、方法对时代之问的思考之果，是坚持现实问题针对性和战略前瞻性相结合、坚持普遍的环境政策与宁德特殊的地情相结合、坚持马克思主义理论指导与实践探索相结合，围绕山海做文章，把宁德建成绿色山区生态脱贫的样本。

---

[1] 中央党校采访实录编辑室. 习近平在宁德［M］. 北京：中共中央党校出版社，2020：178－179.

第四章

山水城市样本：福州生态文明建设

福州地理位置和自然条件优越，“派江吻海，山水相依，城中有山，山中有城”，是一座自然环境优越、十分美丽的国家历史文化名城。这里曾被称为纸裱的福州，今天却是全国闻名的现代化山水城市。福州城市建设离不开历任福州干部和福州人民的努力，更离不开曾经的福州市委书记习近平的实践探索。习近平在福州市委工作时间长达 6 年，这期间他主持编制了《福州市 20 年经济社会发展战略设想》，围绕城市生态建设、周边县市绿色发展进行深入的思考和实践，今天依然引领着福州发展。福州人民接续开展生态文明建设，在城市环境治理、绿色产业发展、体制机制创新等方面取得一定的成绩，成为山水城市建设的样本。

第一节　山水城市福州生态文明建设的相关论述和探索实践

福州，福建省省会城市，自然环境优越，既兼山海之利，又有沃野平原，经济社会发展取得一定成绩，但相对其他省会城市，经济发展相对滞后，城市建设也相对陈旧。在福州工业化、城镇化、市场化发展过程中也逐渐带来一些新的环境问题，如何处理好经济发展和环境保护的矛盾也是每一任福州干部思考的主题。

1990 年 4 月至 1996 年 4 月习近平在福州市委工作，担任福州市委书记，全面主持福州市委工作。在福州市委工作期间，习近平立足福州经济、社会和自然地理条件进行探索实践，编制《福州市 20 年经济社会发展战略设想》，提出城市生态建设理念，科学规划福州城市空间，系统治理福州城市环境，建设海上福州，发展海洋经济，以绿水青山为发展方向，推动各县区市绿色发展。福州市人民沿着他探索的方向，不断前行，走出了一条因地制宜的经济发展之道。

一、提出城市生态建设理念，科学规划福州城市空间

福州依山傍水，被誉为“江城福地”，福州城外群山环抱，城内三山鼎立，闽江自西北而南向东绕城而过。自古以来福州的城市建设就注重自然景观与人文景观的结合。福州老城一直以来是以“三山两塔一条江，三坊七巷一条街”为其独特布局。自从五口通商后，闽江两岸街市得到拓展，茶亭街像扁担一样连接着古城与新市。但由于各种原因，城区建设需要改进，除了坊巷建筑外，多数建筑为木屋，20 世纪 80 年代初，约有 70% 的居民住在拥挤的木屋中；街道也相对狭窄，绿化状况也需要提高。城镇化是我国建设的重要目标，也是文明发展的重要方向，但城市建设带来了新的生态环境问题。如何做好城市规划、如何推动城市建设就尤为重要。改革开放后，福州市委市政府就开启福州旧城改造，如茶亭街的改造等。

在福州市委工作期间，习近平就曾提出“福州基本上是一座没有‘雕琢’过的城市，要发展就一定要有长期设想”❶，1992 年，时任福州市委书记的习近平在《福州市 20 年经济社会发展战略设想》中的“环境保护”专题首次使用“生态环境”概念表达对城市生态环境建设的重视，提出要“把福州市建设成为清洁、优美、舒适、安静、生态环境基本恢复到良性循环的沿海开放城市”❷。城市生态环境显然是将城市建设视为一个有机整体系统，城市建设各要素间彼此相互联系。

---

❶ 马原，许晴，刘书文. 一见 · 城市建设，总书记强调必须把这一点放在首位［EB/OL］.（2021－03－25）［2021－04－02］. http：//news. china. com. cn/2021－03/25/content_77347249. htm.

❷ 习近平. 福州市 20 年经济社会发展战略设想［M］. 福州：福建美术出版社，1992：146.

福州市委市政府围绕城市规划、百姓居住条件改善、历史文物保护三个方面推动福州城市建设。首先，尊重城市建设规律，注重城市规划。1992 年福州市人民代表大会审议通过《福州市城市总体规划（2010—2020）》，提出要把福州建成“规划合理、设施完善、功能配套、交通便捷、环境优美、有利生产、方便生活”的现代化城市。[1] 其次，以东南沿海国际性大都会为目标，不断推进福州城市建设。在具体建设过程中福州市委市政府依托福州自然条件，发挥山、水、温泉自然特色规划城市空间，融众多文物古迹于一体，逐渐把福州建设成具有浓厚地方特色、整洁、美丽的城市。再次，在实践中注重人文环境的保护。如顶住城市开发的压力，保护好三坊七巷，处理好发展与保护的关系，今天历史遗产保护与文化产业、生态产业紧密结合。最后，在推动城市建设过程，不断改善人居环境。为了推动福州走向现代化，福州市委市政府不断推进城市城区建设。1995 年，福州城市建成区面积 67. 72 平方公里，增加 3. 82 平方公里。[2] 在这个过程中福州市委市政府不断改善人居环境，推动民居改造。福州曾被称为纸褙的福州，福州市民居住条件差，人民盼望安居，福州市委市政府不断通过旧城改造，使老百姓从棚户中、从连家渔船中搬进新居。1991 年拆除旧城区危棚屋 18. 86 万平方米，成片改造了七星井、竹林镜等旧民居，改善百姓居住环境[3]，1996 年全年解困住宅开工面积 22 万平方米，竣工面积 19 万平方米。[4] 通过这些旧居的改善，大力改善了人民的住宿条件。

二、系统治理福州城市环境

福州虽然依山傍水，但仍然存在一些新旧不同的环境问题。如由于福州城内水系发达，闽江穿城而过，带来闽江防洪问题、市区内涝问题等；工业化发

---

[1] 《福州经济年鉴》编辑委员会. 福州经济年鉴（1993）[M]. 北京：中国统计出版社：1993：52.

[2] 《福州年鉴》编辑委员会. 福州年鉴（1996）[M]. 北京：中国统计出版社，1996：132.

[3] 《福州经济年鉴》编辑委员会. 福州经济年鉴（1992）[M]. 北京：中国统计出版社，1992：17.

[4] 《福州年鉴》编辑委员会. 福州年鉴（1996）[M]. 北京：中国统计出版社：1996：132.

展则带来了新的环境污染问题。据统计，“1992 年全市工农业和工业总产值（按 1990 年不变价计算）分别为 270.31 亿元和 221.22 亿元，比 1949 年增长 50.76 倍和 43.3 倍，比 1978 年增长 6.65 倍和 10.16 倍”❶。但其产生的“三废”、噪声量大，早在“1990 年全市废水排放总量 26612 万吨，其中工业废水 10107 万吨，符合排放标准的仅 2224 万吨”❷，这些“三废”排放直接影响人民身体健康。城市绿化也需要继续推进，虽然福州公共绿地略高于国家平均水平，但公共绿地分布不均，台江区人均水平较低，只有 3.39 平方米。与此同时还存在新城开发和旧城改造的绿化问题，在城市房产开发的过程中还容易出现将园林绿化用地改作他用等问题。

在福州市委工作期间，习近平系统地开展了环境治理工作。首先治理福州城市内涝。一方面推动福州内河疏浚，如为疏浚内涝严重的铜盘河，开挖一条河使其与西湖连接，使洪水流入西湖，并对西湖开展清淤和扩建工作；另一方面在治理内河内涝时还结合农民实际利益进行治理开发，推动农民增收创收，实现经济效益、社会效益和生态效益的统一，如为解决因扩大西湖而带来征地的矛盾，让占地乡镇（洪山乡，现为洪山镇）土地作价，使其成为乡集体资产，西湖门票等则成为乡的收益。其次推动福州内河治理。为了有效治理福州内河，习近平提出“全党动员、全民动手、条块结合、齐抓共治”的治理原则。最后推动城市绿化。坚持见缝插绿的原则开展绿化建设，在城市的各个角落种植绿树与花草，使之成为福州的怡情小景。

福州市委市政府齐抓共管，推动城市环境治理，致力于城市内涝、福州内河、城市绿化等城市环境建设。1996 年 11 月 28 日，福州市十届人大常委会第 25 次会议审议通过《福州市环境保护条例》，全面推动福州环境建设。

首先，综合治理好福州防洪排涝。福州面海靠江，水既给福州的发展带来

---

❶ 《福州市城乡建设志》编纂委员会. 福州市城乡建设志（上）[M]. 北京：中国建筑工业出版社，1994：4.

❷ 《福州市城乡建设志》编纂委员会. 福州市城乡建设志（下）[M]. 北京：中国建筑工业出版社，1994：769.

有利条件，也带来不利。早在1952年，福州就曾建成闽江防洪堤，但并未从根本上解决问题，为此福州市委市政府一方面继续做好加固闽江防洪堤，投入46亿多元加固闽江福州全线防洪堤，一举解决了洪水泛滥问题，另一方面还加强闽江流域水环境综合整治，保护好闽江水资源，如1996年7月29日福州市政府下发《转批福州市闽江下游流域水环境综合整治方案的通知》。

其次，推动福州内河污水治理。福州城区共有107条内河，内河河道纵横交错，总长约244公里，[1] 以白马河、晋安河及光明港为主干进行分解。在河流的自然生态中，多样水生动植物会对流入水体的污染物进行净化，组成平衡的生态系统。当大量的工业和生活污水进入水域，超出水体自我净化能力后，充满生机的福州内河河流就变成静寂的排污沟。历届福州市委市政府都很重视内河整治，按照河道管理标准，1992年配齐护河员129名，护河船22条；并采用人工、机械疏浚了堵塞严重、流水不畅的白马河北段及琼东河南段4.4公里长的河道。[2] 1993年福州市委市政府公布出台《福州市城市内河管理办法》，采取市、区、街三级管理体制对内河实行管理。为进一步整治城市污染，福州市政府还推动祥坂污水处理厂、红庙岭垃圾处理场的建设，1995年福州完成祥坂污水处理厂和红庙岭垃圾综合处理场建设，新建10座集装箱转运站，新修建公厕10座，并积极推动白马河水系整治工程。[3] 在治理内河时，还逐渐做到雨污分流，抓好污水处理厂的配套管网建设，并将河旁空地绿化，实现“一河两带”景观绿化，并禁止沿河建房，防止垃圾下河。福州市委市政府还积极推动排污收费，加强排污审批，1996年福州市环保局仅对10家企业发放水污染排放许可证，排放水污染物许可证的单位总数为44家。[4]

最后，开展福州城市绿化。绿色对于用钢筋水泥筑成的现代化城市而言非常重要，也是市民身心健康的必要条件。福州市委市政府一直致力于福州的绿

---

[1] 澎湖新闻．水乡福州①丨那些在二十年间消失的河边风景［EB/OL］．（2018－03－27）［2022－05－06］．https：//www. thepaper. cn/newsDetail_forward_2044694.

[2] 《福州经济年鉴》编辑委员会．福州经济年鉴（1993）［M］．北京：中国统计出版社，1993：171.

[3] 《福州年鉴》编辑委员会．福州年鉴（1996）［M］．北京：中国统计出版社，1996：143－144.

[4] 《福州年鉴》编辑委员会．福州年鉴（1997）［M］．北京：中国统计出版社，1997：178.

化工作，1949 年初福州市区仅有 2000 多株行道树[1]，1982 年福州市政府成立绿化委员会，初步营造针阔、林果结合，多树种、多层次、多色彩、多功能的城市绿化体系。1992 年福州市委市政府一方面加强绿化规划，提出要形成环状绿化带，如边缘山地、河岸两侧、主干道等，并提出“当年建成区绿化覆盖率超过 22%，城市居民人均公共绿地达 5 平方米”[2] 的建设目标；另一方面积极推动福州城区绿化工作，截至 1995 年，完成 4 条新建、扩建道路的配套绿化工程；搞好 3 个垂直绿化示范片建设，新增城市园林绿化用地 16 公顷，提高了 34 条主次干道文明路段绿化建设档次，提升城市绿化水平。[3]

三、建设海上福州、发展海洋经济

福州是山水城市、海滨城市，历史以来，福州就伴海而生，《山海经》中曾说“闽在海中”。据福州市政府官网数据，2022 年福州市管辖海域总面积 8200 平方千米，全市岛礁 485 个，全市大陆海岸线长 963 千米。[4] 虽然福州海洋资源丰富、港湾众多、地理位置优越，但在 20 世纪 80 年代的经济发展水平却与之不相称。作为 1984 年国务院首批 14 个沿海开放城市之一，福州的经济发展也亟待提高，福州市委市政府一直致力于福州经济社会发展。

为了更好地推动福州经济社会发展，时任福州市委书记的习近平基于福州自然资源基础提出海上福州的战略布局，1991 年 5 月习近平提出“福州的优势在于江海，福州的出路在于江海，福州的希望在于江海，福州的发展也在于江海”[5]，强调海上资源的开发对福州发展的重要性。习近平还提出了海上福州建设总的设想，1994 年他在《开发海洋再创福州新优势》中指出“用 6 年

---

[1] 福州市城乡建设志编纂委员会．福州市城乡建设志（下）［M］．北京：中国建筑工业出版社，1994：458.

[2] 《福州经济年鉴》编委会．福州经济年鉴（1992）［M］．北京：中国统计出版社，1992：2.

[3] 《福州年鉴》编委会．福州年鉴（1996）［M］．北京：中国统计出版社，1996：137 - 138.

[4] 福州市人民政府．2022 年福州市自然资源情况［EB/OL］．（2023 - 09 - 11）［2023 - 10 - 11］．http://www.fuzhou.gov.cn/zgfzzt/zjrc/zrdr/202309/t20230911_4671377.htm.

[5] 中央党校采访实录编辑室．习近平在福州［M］．北京：中共中央党校出版社，2020：283.

时间即从 1994 年到 2000 年，使海洋产业总产值闯过 100 亿元大关，全市的港口建设、海运船队以及捕捞业、养殖业、加工业初具规模，海洋经济的开发水平达到先进水平；再用 10 年时间即从 2001 年到 2010 年，使全市的海洋产业总产值达到 650 亿元，把闽江口金三角经济圈的沿海地带和广阔海域建成海水养殖和海洋工业高度发达，港口经济和运输业实力雄厚，海岸经济、滨海旅游、商业贸易兴旺的繁荣地带和海域”❶。

福州市委市政府以此为目标，积极推动海上经济的发展。首先，制定政策推动海上经济发展，如组织相关部门、专家学者、科研人员对海洋资源进行调研和开发，出台《关于建设“海上福州”的意见》等文件，科学推动海上福州的发展，制定具体的措施落实规划。其次，将海上福州确立为福州经济发展战略，全面布局海上福州发展。1994 年福州市委市政府对海上福州进行总体布局，还提出“八五”期间福州江海开发的总要求为“坚持以深化改革、扩大开放为动力，注重经济效益、生态效益和社会效益，以海淡水养殖为重点，实行综合开发，推进科技进步……具体奋斗目标是‘力争两个突破、实现两个翻番、发展两支船队，建设两个基地’”❷。再次，推动海洋开发，抓好海岛建设。从海岛、海岸、海洋的整体联系出发进行建设，实施“三个一”工程，实现对海洋的综合利用，提升综合开发的经济和社会效益，积极推动福州海洋经济的发展。从次，拓展福州海洋资源，推动渔业发展。当福州沿海渔业资源因过度捕捞而导致资源濒临衰绝，福州市委市政府派人前往海南、印度尼西亚联系渔业合作进行远洋捕捞，为此组建海上运输船队。福州市委市政府还推动渔业养殖的发展，渔业研究所对渔业养殖的可行性进行研究并获成功，如黄花鱼、海蚌的养殖等。最后，福州市委市政府还推动港口建设和海港工业的发展。如推动马尾造船厂进行股份制改革，聚合国营和民营力量推动造船业的发展；贫困的岛县平潭也依靠造船和海运经济逐渐发展起来。

---

❶ 转引自肖文桂．习近平总书记关于建设“海上福州”的战略实践及启示［J］．福州党校学报，2018（1）：64．

❷ 林旭东．福州市委书记习近平强调指出福州的希望在江海［J］．中国水产，1991（5）：18．

四、以绿水青山为发展方向、推动各县市区绿色发展

福州是福建省省会城市，实行市带县体制，福州市区与福州县级行政区在经济、行政上是一体的，福州的经济发展要取得较大进展，必须处理好县级行政区与福州的关系。福州的县级行政区原有八个，具体为：闽侯县、连江县、罗源县、闽清县、永泰县、长乐市、福清市、平潭县，2017 年经国务院批准，长乐市调整建制，设立为福州市长乐区。县市区位于不同的地理位置，沿海与山区拥有不同的自然资源，中心城市与山区之间如何发展都存在差异。在具体发展过程中，县市区整体协同发展的力度、各县经济特色等都有待于加强，福州市委市政府既从整体视角进行规划，也因地制宜指导各县市区走绿色发展之路。

时任福州市委书记的习近平既从整体视角出发，提出闽江口金三角经济圈发展构想，也根据各县市区自身优势制定不同的发展战略，还从各地之间资源优势互补的角度提出山区与沿海的合作互补关系，形象地将“沿海的几个县比喻为足球场上的‘前锋’，把另几个县（罗源、闽清、永泰）比喻成后卫，希望他们保护生态要当好‘后卫’”❶。

永泰县地处山区，经济贫困，是全市最贫困的县，也是全省 23 个重点贫困县之一，还曾是习近平挂钩联系的扶贫开发重点县。当地崇山峻岭，茂林修竹，永泰县政府发挥山区资源优势，坚守绿水青山的发展方向，以农为本、开发山水、造林种果。1991 年永泰县委制定“咬定青山不放松，造林种果下真功”的发展战略，推进造林、开发林果深度加工，做好树木、竹子的文章，加快经济发展步伐。1996 年永泰的森林覆盖率达到 72.5%，新栽林果竹 2460 公顷，改造竹茶果 2333.33 公顷。为了推动森林旅游发展，1996 年永泰县政府引资 550 万元开发青云山旅游资源，青云山风景区开业当年旅游人数达到

---

❶ 中央党校采访实录编辑室. 习近平在福州［M］. 北京：中共中央党校出版社，2020：11.

20 万人次。[1] 按照绿水青山的发展方向，今天永泰县以森林旅游、运动养生等为主要特色成为旅游重点县，被国家列为中国首批“天然氧吧县”。

罗源县一方面通过山海综合开发推动罗源经济发展，另一方面推动生态移民。罗源山区自然条件差，人口少，生活困难，为此当地政府推动生态移民，将自然条件较差的村民搬迁到生活条件较好的村庄，既减少生态压力，也改善百姓生活。海岛平潭县在福州市委市政府的指导下推动当地绿色发展，既植树绿化，达到抗风沙、绿化岚岛的目标；还确立“旅游兴县”的战略构想。平潭县拥有独具特色、自成优势的地文景观和水域风光，海坛天神、半洋石帆、东海仙境被誉为平潭三绝，极具观赏价值。1993 年 3 月 28 日，在平潭调研时习近平就曾要求平潭干部要爱惜、保护好旅游资源，提出“平潭的旅游资源十分丰富，它的海貌风光有独到之处，是国内甚至世界上少有的，发展旅游业前景广阔”[2]。1994 年 1 月，平潭海坛风景名胜区被列入第三批国家重点风景名胜区名单，今天这里已然成为全国游人向往之地。闽清县按照福州市委市政府提出的“24 字”建设要求做好闽清县的经济建设，即“建库区，办旅游；抓基础，促开发；靠科技，兴五业；开山门，引外资”[3]。1996 年闽清的雄江库区已经建成为全省最大的淡水网箱养鱼基地，并在后期不断投入资金，建设秀美风景，将此建成集养殖、旅游于一体的综合性的产业。

福州市委市政府高度重视城市环境建设，基于福州山海资源规划福州经济社会发展战略，系统治理城市环境，建设生态城市；建设海上福州，发展海洋经济；以绿水青山为发展方向，推动各县市区绿色发展。这些探索实践是一笔宝贵的财富，既为福州市生态文明建设奠定基础，也成为福州市委市政府接续开展生态文明建设的行动遵循。

---

[1] 《福州年鉴》编委会. 福州年鉴（1997）[M]. 北京：中国统计出版社，1997：232.

[2] 戴艳梅，储白珊，谢婷. 开放发展 风起帆张——习近平总书记在福建的探索与实践 · 开放篇 [N]. 福建日报，2017 - 07 - 20（3）.

[3] 中央党校采访实录编辑室. 习近平在福建（上）[M]. 北京：中共中央党校出版社，2021：190.

第二节　山水城市福州接续建设生态文明

在领导福州建设6年间，时任福州市委书记的习近平对福州生态建设进行了前瞻性的探索实践，提出“城市生态建设”等理念。福州市委市政府传承、贯彻习近平当年留下的宝贵思想财富，用好特色资源在福州一万多平方公里的土地上接力进行生态文明建设，在城市治理、生态经济、体制机制创新方面取得一定的成绩，曾获“国家森林城市”“国家园林城市”“可持续发展低碳城市”“首批创建生态文明典范城市”等称号。2021年3月24日，习近平到福州考察时指出：“我在这里工作的时候，就设想把福州建成海滨城市、山水城市，现在发展得比当时设想得还要好，要继续做下去，希望有福之州更好造福于民。”[1]

一、建设山水城市福州

环境治理是福州市委市政府历届班子都重视的一项工作。2004年福州就荣膺“国家环保模范城市”称号，为进一步做好城市环境治理工作，福州市历届政府着力于城市规划，做好城市绿化和美化工作。

第一，制定系列文件规划城市建设。

为推动福州城市治理，福州市政府制定系列文件规划生态文明建设，这些文件可以分成两类，一类是制定统筹规划生态文明建设的文件，具体如《福州市环境保护条例》《福州生态市建设规划（修编）》《福州城市总体规划

---

[1] 新华社. 跟着总书记长见识/福建之行第三天：城市建设－历史传承－企业创新［EB/OL］.（2021－03－25）［2021－07－17］. http：//www.xinhuanet.com/politics/leaders/2021－03/25/c_1127254187.htm.

(2009—2020)》《福州中心城区空间发展规划》等。2014 年福州市政府还颁布了《福州市加快生态文明先行示范区建设的贯彻实施意见》《福州市“十二五”环境保护和生态建设规划》推动福州市生态文明建设。这些对城市生态文明进行总体规划的文件为福州市环境治理工作提出了具体要求、目标和措施等，推动了福州生态城市建设。另一类为城市环境专项治理文件，具体如《关于加快推进福州市绿色建筑发展的实施意见》《福州市人民政府关于进一步加强重点流域保护管理切实保障水安全的若干意见》《福州市城市内河管理办法》《福州市城市排水设施建设和管理办法》《福州市海绵城市专项规划》《福州市环境噪声污染防治若干规定》等。这些文件围绕福州市的水生态、绿色建筑和城市绿化等进行系统的专项规划，有力地推动了福州城市生态建设。

第二，综合治理城市自然环境。

在工业化和城镇化过程中福州市自然环境遭到一定的破坏，福州市政府以天蓝、水净、地绿等为目标和内容进行环境治理。

首先，继续守护好“福州蓝”。福州空气质量佳，蓝天一直以来是福州的名片。为了守护好福州蓝，2002 年福州市政府就出台了《福州市大气污染防治办法》，并从以下几方面着手：一是优化产业结构，对冶炼等工业进行升级或重组，推进清洁生产；二是减少交通汽车尾气排放，淘汰柴油车，推广使用新能源汽车，不仅要求公共交通汽车全部使用新能源车，而且制定《福州市新能源车非公交汽车推广应用补助暂行办法》对新能源车的消费者进行购车补助，从而达到节能环保降噪；三是加强监管和治理，生态云平台、移动方舱等先进设备为其提供了科技支撑，福州市建立“污染源监控 + 地面空气监测站 + 移动监测设备”的全方位监管模式，采用扬尘污染在线监测仪严密监控，严格实施分级管控，让看不见的污染源无处遁形。“2020 年，福州市环境空气质量综合指数 2.76，同比改善 8%，空气质量优良天数比例为 99.5%，达近年最优水平。”❶ 今天福州仍以提气、降碳为目标继续推进蓝天保卫战，2022 年，

❶ 福州市人民政府官网．福州空气质量连续七年排名省会前三［EB/OL］．(2021 - 01 - 20)［2021 - 02 - 20］．http：//www.fuzhou.gov.cn/zgfzzt/shbj/zz/hjjg_31440/dqhjgl/202101/t20210120_3972410.htm.

福州空气质量综合指数为2.51，同比改善3.1%。

其次，对福州内河进行专项治理，开展碧水工程。福州市城区内河107条，这些内河本是一道亮丽的风景，但因居民生活污水直排内河，使其变脏变臭。福州市历届政府不断开展内河治理工作，一是制定规划，如《福州市水污染防治行动计划工作方案》《福州市小流域及农村水环境整治计划（2016—2020年）》等。二是科学治理，按照曾任福州市委书记习近平提出的"全党动员、全民动手、条块结合、齐抓共治"治理原则，福州市政府整合建设、水利、城管等涉水职能部门，在全省率先组建城区水系联排联调中心。按照生物学原理，把混凝土河堤改造成为适合生物生长的仿自然状态的生态河堤，在水下种植水生植物或投放水生生物来净化水质、补充溶解氧，使其进行自净修复。三是启动由政府和社会资本合作的PPP治水模式，引入社会力量和社会资金参与河道治理。2016年底，福州市将四城区102条内河打包成7个水系治理项目包，面向全国公开招标，引进专业水系企业进行全面治水。福州市政府还将"水脉"与"文脉"融合推动内河治理，2012年福州城区内河综合整治工作获得"中国人居环境范例奖"。截至2020年，福州"基本完成99条主干河道、23条支流治理，累计埋设永久截污管道249公里，清淤295万立方米，新建生态驳岸90公里；沿河环境显著改善，连续两年群众满意度达90%以上"[1]，福州内河两岸已成为人们驻足流连之所。福州市还以鹤林生态公园为试点地区开展海绵城市试点建设，共划定以三江口片区和鹤林片区为主的55.86平方公里建设面积，建设项目涵盖海绵公园、海绵道路、海绵小区等，福州市入选第二批全国海绵城市建设试点城市。流经福州的河流治理工作也成效显著，"2020年闽江、敖江干流国省考断面优良水质比例100%，县级以上集中式饮用水水源地水质达标率连续多年保持100%"[2]。2022年，福州主要流域优良水质比例为97.2%，同比提高2.8个百分点，其中国考断面优良水质比例首次实现100%，小流域优良水质比例达96.3%，同比提升

[1] 高建进. 福州：绿色治理创造生态之美［N］. 光明日报，2020-04-27（1）.

[2] 谢星星，钱嘉宜. 福州水环境质量提升刷出新速度［N］. 福州日报，2021-08-11（1）.

1.9 个百分点。[1] 与此同时福州市还加强湿地保护，打造独特水生态样板，使闽江口湿地成为福州的生态名片。

再次，继续绿化美化福州。绿色是福州发展的底色，福州市历任领导也着力于此。在福州工作期间，习近平就将绿化作为城市建设的重要组成部分，主要围绕增加城市绿化面积和结构，郊区森林绿色带、建设环福州绿色屏障，县区绿化三个方面努力，福州市政府遵此开展工作。一是增加城市绿色面积并调整绿化结构。在城市绿化中将垂直绿化与平面绿化结合起来，并构筑多层次的绿化植物体系，增加绿化层次，实现节能、降温、净化空气等功能，改善城市绿化结构，拓宽城市绿化空间，提高绿化覆盖率。与此同时打造“行走林梢上，穿梭森林间”的绿色福道，即福州城市森林步道，使福州人民可以共享绿色幸福，在福道上人们不仅可以看山，还可以望水。此步道依山势以全钢结构在林端设置，使山、水、人、城融为一体。福州市最早以此理念建设金鸡山公园栈道，之后建设金牛山森林步道和福山郊野公园步道，不仅将相邻山体相连，而且将山体与住宅区、办公区相连，使人与自然融为一体。2021 年 3 月，习近平来闽考察期间，来到福州福山郊野公园，指出：“福州是有福之州，生态条件得天独厚，希望继续把这座海滨城市、山水城市建设得更加美好，更好造福人民群众。”[2] 二是规划建设环福州绿色屏障，制定“环福州绿色屏障工程”发展福州郊区森林景观带，具体如东湖湿地公园、董奉山国家森林公园、滨海森林公园等。在此基础上制定《福州市城市园林绿化管理办法》，抓好人工造林、封山育林和管护工作，建立起比较完备的林业生态体系。三是开展好所辖县市区的绿化工作。福州所辖各县市区绿化工作都开展得较好，永泰县根据永泰山区地大、林多、温泉丰富的特点，固守生态底线，“咬住青山不放松”，成为独具特色的福州后花园，成为中国首批“天然氧吧县”。平潭也绿树环绕，城区公园绿地整治改造较为成功。2017 年福州获评“国家森林城

---

[1] 福州市生态环境局 . 2022 年度福州市生态环境局决算［EB/OL］.（2023 - 08 - 18）［223 - 10 - 30］. http：//www. fuzhou. gov. cn/zgfzzt/czzj/bmjsgk/202308/P020230822337785377238. pdf.

[2] 段金柱，吴旭涛. 福州：增进民生福祉，更好造福人民群众［N］. 福建日报，2021 - 09 - 28（3）.

市”，2018 年福州入选联合国森林城市建设典型案例。2022 年底，福州市森林覆盖率达 58.41%，位居全国省会城市前列。按照习近平对福州城市的规划蓝图，福州已然被建成为一座山水城，自然的山水与城市交融为一体，城在山水中，山水在城中，恰如 2002 年时任福建省省长的习近平在《福州古厝》序中描绘的“福州派江吻海，山水相依，城中有山，山中有城，是一座天然环境优越、十分美丽的国家历史文化名城”[1]。

二、推动绿色产业发展

产业是福州经济快速发展的基石，福州市政府基于自身生态优势，主要从海洋经济、生态农业、生态工业几个方面着力，推动福州绿色产业发展。

第一，继续发展海洋经济。

福州市海域面积辽阔，大陆海岸线长，滩涂面积也较大，福州市政府继续立足于这些丰富的海洋资源禀赋，倾力发展“海上福州”，为今天面临多重叠加发展压力的福州在天然资源禀赋上孕育了新的发展动能。具体而言，福州市政府主要围绕以下几个方面开展“海上福州”建设。一是通过体制机制创新推动福州用好海洋资源发展海洋经济，将海洋资源要素推进市场。如使海上资源变成资产，改革养殖海权，打造“三权分置 + 两证联动”的海水养殖，进行“海上林改”，使其成为全国示范。二是在海洋渔业领域开展碳汇交易，2022 年连江发布了全国首宗海洋渔业碳汇交易成果，同时还率先开展渔业生态环境损害“蓝碳”赔偿。三是推动现代渔业产业体系发展，如以连江为渔业基地，建立福州（连江）国家远洋渔业基地，对海洋生态产品的发展进行改革试点，在养殖模式上实施立体生态养殖，在海底采取人工礁石投放，在海面采取海藻养殖和网箱养殖；在经营模式上引入社会资本参与，构建企业、集体、渔民三方利益共享的发展机制；在技术上推行深远海机械化、智能化和养殖

[1] 习近平.《福州古厝》序［N］. 福建日报，2002－05－24（10）.

科研化，深海“振渔一号”和“福鲍一号”在连江养殖试验都取得成功。平潭还探索海上风电 + 海洋牧场的开发模式，试验风电场各类环境对鱼类养殖的不同影响，探索出新的海洋生态价值实现路径，即水下产绿色产品、水上产清洁能源、水面休闲观光旅游。2016 年，福州获批首批“十三五”国家海洋经济创新发展示范城市；2018 年，福州获批建设国家级海洋经济发展示范区[1]；2022 年福州海洋生产总值达 3300 亿元，居全国第三。[2]

第二，推动生态农业的发展。

福州市生态农业的发展重点是绿色农业、生态林业、畜牧业等特色农业，福州市采用“公司 + 基地 + 农户”模式推动生态农业发展，如绿茵生态有限公司在闽侯、平潭的发展，超大现代农业集团在福州创建了从选种到运送的绿色生态产业链条。福州市还根据农业资源优势和产业特点，创建了福清台湾农民创业园，闽侯、闽清的现代茶叶示范园，罗源的食用菌示范园，永泰的现代水果示范园，琅岐的农业精品科技园等。福州市 2021 年“做大农业龙头，7 家入选中国农业企业 500 强，新增国家级农业产业强镇 2 个、国家级农业龙头企业 2 家”[3]。福州市政府还聚焦饮料制造、植物油加工等发展绿色健康食品。

第三，推动生态工业的发展。

在福州工作期间习近平为福州的工业发展奠定了良好的基础，之后各届政府围绕环保绿色继续发展工业。一是继续发展青口汽车城、马尾高新区、金山工业区的产业，并实施工业（产业）园区标准化建设，如依托福建奔驰、东南汽车等企业，大力引进新能源汽车。二是推动科技引领，推动战略性新兴产业发展，聚焦新材料、新能源，推动高附加值、低能耗的产业发展，以绿色化为方向，加快冶金产业节能降耗减排，大力发展循环经济，鼓励企业研发、生

---

[1] 蓝瑜萍．陆海统筹，向海图强——福州海洋经济劈海前行，蓝色梦想照进现实［N］．福州日报，2022 - 10 - 14（11）．

[2] 郑瑞洋，原浩．福州：海阔凭鱼跃 扬帆起远航［N］．福州晚报（海外版），2023 - 09 - 18（3）．

[3] 福州市人民政府官网．关于福州市 2021 年国民经济和社会发展计划执行情况及 2022 年国民经济和社会发展计划草案的报告［EB/OL］．（2022 - 01 - 04）［2023 - 02 - 20］．http：//www. fuzhou. gov. cn/ssp/main/search. html？siteId.

产资源再生利用技术和装备。三是发展数字经济，建设工业互联网，推动数字福州建设，建设了鲲鹏生态创新中心等产业创新服务平台10个以上，将信息与产业融合发展。与此同时，还加强清洁生产技术的开发，建设绿色制造体系，发展绿色经济。四是发展循环经济，如马尾区的循环工业，其原料尽量选择可循环利用的材料；对零散废弃物则进行回收再制造，如废旧的船舶等大件废品；青口汽车工业园建设则进行产业链共享资源。为了整体推进绿色生产，2018年福州市发布《福州市“十三五”节能减排综合工作方案》，要求降低生产总值能耗，指导福州传统产业绿色转型。

福州还发挥自然资源优势，发展生态旅游业，出台《福州市温泉资源综合开发利用工作方案》，充分挖掘既有的温泉资源，打造温泉旅游项目；充分利用三坊七巷、鼓山、十八重溪等人文和自然美景发展绿色生态旅游，吸引八方来客，把福州建成旅游强市，福州、长乐先后获批为中国优秀旅游城市。

三、在体制机制创新中建设山水福州

福州是习近平生态文明思想重要孕育地与实践地，也是福建省生态文明建设的主力军。福州市历任干部以习近平生态文明思想为指导，不断推进体制机制创新，继续推进福州生态文明建设，建设山水福州。

经验之一是福州检察机关将认罪认罚从宽与生态修复相结合，实现“自己污染、自己修复”，按照因地制宜、实事求是的原则，生态修复类型也由过去单一的“补植复绿”，拓展为增殖放流、劳务修复、第三方修复等多种形式；实施的对象从土壤污染延伸到盗采矿产等领域。经验之二在全省率先建立体现生态文明建设体系的考核机制，建立与国土空间开发相适应的差别化考核机制，首先将闽清县定为农产品主产区，将永泰定为生态功能保护区，并降低生态功能区GDP指标的考核。经验之三是科学规划生态空间，坚守生态底线，划定生态红线。作为全国首批城市环境总体规划试点单位之一，福州率先在全国开展城市区域层次的生态红线划定试点工作。根据福州市区自然生态基础，划定了生态功能区、生态敏感区和生态脆弱区，并确定河道、饮用水、地下水的保护线。经验之四是组建城市水系统联排联调中心，按照水流域的整体性，对涉水部门的职能进行整合；引入市场机制，按照“建设期+运营维护期”的PPP项目进行建设和养护。经验之五是创新农村人居环境管理模式，引进物业化模式进村，如在永泰县实行县乡村三级联动的物业化管理模式。经验之六是丰富流域生态补偿机制。生态补偿机制虽已经推行，但补偿形式确需要根据各地具体情况采取多种形式，福州在单一的资金补偿基础上，还推行对口支援、产业转移、共建园区等方式，如启动大樟溪水权交易试点等。经验之七是开展重点生态区位商品林赎买改革，推进“邮林贷”等普惠制林业金融，开展林业碳汇探索实践，福州市林业部门与兴业银行签订战略合作协议，在全市发放首笔个人林业碳汇抵押贷款。经验之八是在湿地修复方面，福州市实施互花米草除治、本土植被恢复、生态鸟道营造等措施对闽江湿地自然保护区进行湿地综合保护修复。

2021年3月，习近平在福州考察时候提出，“建设好管理好一座城市，要把菜篮子、人居环境、城市空间等工作放到重要位置切实抓好。”[1] 今天福州市委市政府接力践行福州生态建设理念，将福州建设成为山水城市，成为有福之州，先后获国家卫生城市、中国优秀旅游城市、国家园林城市等称号，福山郊野公园获生态环境部2022年绿色低碳典型案例，福州马尾区和闽侯县2022年被生态环境部命名为第六批生态文明建设示范区。

第三节　山水城市福州生态文明建设的经验启示

山水城市福州的生态文明建设是福州历任干部从福州市的经济发展和环境

---

[1] 新华网．习近平在福建考察时强调在服务和融入新发展格局上展现更大作为 奋力谱写全面建设社会主义现代化国家福建篇章［EB/OL］．（2021－03－25）［2021－04－18］．http：//politics. people. com. cn/n1/2021/0325/c1024－32060789. html.

保护矛盾问题出发，坚持从马克思主义立场、观点和方法出发，始终围绕生态立市做文章，战略前瞻性地认识福州市的环境问题，如在主客观辩证法结合中提出永泰的发展方向是绿水青山等理念，在党的环境政策指导下建设生态城市，推动福州经济社会发展，建设山水城市，提供了福州版的生态文明建设经验。

一、战略前瞻性地认识纸裱的福州环境问题

当经济发展和环境保护的时代之问在福州工业化、城镇化、市场化的过程中呈现出来后，如何认识并解决这些问题，需要坚持现实问题的针对性和战略前瞻性的结合。

第一，从时空的前瞻性中认识自然资源的价值。

事物的发展是运动的，矛盾会随着时间和形势的变化而变化，要根据矛盾的变化进行战略预见，需要将现实问题和政策前瞻性结合起来。福州市政府从时空的前瞻性思考现实的环境问题，从空间整体视域认识自然资源价值，跳出局部从全局看局部，提出闽江口金三角发展规划，从整体全局中认识并解决问题。二是超越时间认识自然资源价值。立足于福州伴海而生的区位优势，提出福州的希望在于江海，跳出眼前从长远看当下，这充分体现福州市注重长远的眼光和把握未来发展的能力。这种超越时空的战略思维使福州人民认识了自然的价值，逐渐摆脱原有的环境依赖，为福州走上将海洋变成“金海银海”的绿色发展新路奠定了基础。

第二，从宏观整体协调经济、社会和生态三者矛盾。

在纸裱的福州，福州市政府承担着改善百姓人居环境、提升百姓生活水平的重任，当既有的发展方式和发展道路带来环境问题时，福州市政府从福州各地实际情况出发追求经济、社会和生态效益的统一，把握经济发展和环境保护对立统一的辩证关系。一是在城市建设上提出了城市生态建设理念，从整体规划城市建设，明确提出“建设现代化国际城市”的宏伟目标。二是在发展方

式上，从宏观整体上规划当地经济社会发展，从各县市区之间资源优势互补的角度形成山区与沿海的合作互补关系。在《福州市 20 年经济社会发展战略设想》中提出，“以福州市区为核心，逐步建设一批新兴的中小城市和现代卫星城镇……形成具有较强凝聚力和服务功能的城镇化体系和城市圈”[1]。海上福州的提出、各县市区优势互补协调发展等都是全局思维在发展观上的具体运用，是跳出自然资源的环境功能认识自然资源效能，从人—社会—自然生态整体系统出发认识福州经济社会发展。

第三，制定发展战略实现经济、社会和生态的统一。

为了推动福州的经济社会发展，《福州市 20 年经济社会发展战略设想》具体规划了福州从 1992 年起未来 3 年、8 年、20 年的发展，提出要“把福州市建设成清洁、优美、舒适、安静、生态环境基本恢复良性循环的沿海开放城市”[2]，从城市生态系统的角度提出福州的建设目标。这一张张蓝图是福州发展的战略预见和战略部署，从生态空间维度实现经济、社会和生态的统一，从全局把握中实现经济、社会和生态的统一。

福州市政府立足于此建设山水城市，先后制定各类条例和规定，进一步规划生态福州的建设与发展。2014 年福州市还立足于福建省作为全国生态文明示范区的整体布局颁布实施《福州市加快生态文明先行示范区建设的贯彻实施意见》，进一步提出具体措施推进山水福州建设，协调福州市环境保护和经济发展的矛盾。在实践中福州市还从整体视角继续推进实施福州城市建设，按照“东扩南进西拓”建设思路，引领城市沿江向海拓展，建设滨海新城，进一步将福州市扩建成“三山两江面海”的山水城市，使福州山海相拥，人与自然实现高度统一。滨海城市长乐也按照“宜业家园、生态绿城”理念，制定《福州滨海新城森林城市建设总体规划（2017—2030 年）》《长乐市滨海沙滩保护和利用总体规划》等推进滨海新城建设。

---

[1] 习近平．福州市 20 年经济社会发展战略设想［M］．福州：福建美术出版社，1992：9.

[2] 习近平．福州市 20 年经济社会发展战略设想［M］．福州：福建美术出版社，1992：146.

二、在主客观辩证法结合中提出绿水青山是发展方向等生态理念

自然界中的森林、矿产、河流、土壤等构成物质系统，成为人类经济生产系统的基础，人必须与自然环境进行物质交换才能生产、生活，国民经济中的工业、农业都必须与自然界的生态系统相互联系、相互作用。生态要素和经济要素以一定的结构组成有机系统推动人类发展。如果人类盲目开发自然，看似赢得胜利，但“对于每一次这样的胜利，自然界都对我们进行报复。每一次胜利，起初确实取得了我们预期的结果，但是往后和再往后却发生完全不同的、出乎预料的影响，常常把最初的结果又消除了”[1]。这就是人与自然间真实的辩证关系。

福州地理位置优越，依山靠海，是福建省省会，曾在中国近代史上发挥着重要的作用。新中国成立后经济发展受限于交通，城市老旧、百姓人居环境较差、生活水平落后，千里山海福州曾被称为“纸裱的福州”。在推进工业化、城镇化、农业现代化进程时环境问题也随之而来，人与自然的冲突逐渐加剧，人与自然物质变换方式需要发生变革。福州八县的经济发展水平参差不齐，沿海的长乐、福清经济发展相对靠前，山区县市闽清、永泰则经济发展滞后，沿海一线岛屿平潭也受限于交通而经济发展较为滞后，各县区在经济发展中产生的环境问题也各不相同。物质世界的客观规律总是先在于人的思维，这使主观思维才有可能和必要，主观思维只有与客观规律相符合时才能推动客观事物的发展。

福州市委市政府基于自然资源的基础作用、自然资源的保护、自然优势的发挥、经济结构的调整、经济增长方式的转变等方面思考自然资源和经济发展相辅相成的关系。如基于福州自然地理空间提出闽江口金三角的发展规划；坚

---

[1] 马克思，恩格斯. 马克思恩格斯文集（第九卷）[M]. 北京：人民出版社，2009：559－560.

持自然优先性，科学开发各县市区资源，提出山区永泰的发展方向就是绿水青山，提出海岛平潭要发展旅游经济；同时为福州城市建设把脉，从人与城市系统整体性提出城市生态建设理念。在发展过程中坚持资源开发与节约并举，减少资源的占用与消耗，科学开发和利用海洋、山地等长线资源，合理、有序地开发不可再生性资源，加强土地管理和农田保护，使日益减少的珍贵资源得到有效保护并发挥出最大效能，使福州市的山地资源和海洋资源得到合理开发。福州市委市政府还坚持自然系统的整体性，从人与自然系统整体出发治理福州城市环境，系统推动闽江水环境综合整治、组织实施绿化福州和福州内河综合治理等工作，在解决内河治理问题时将百姓收益结合起来考虑进行解决，使自在自然和人化自然在生产实践中获得统一。

福州市委市政府在面对环境难题和发展难题时候，遵循自然辩证法思考人与自然的关系，思考经济发展和环境保护的矛盾，并在实践中不断孕育新的生态理念指导实践，推动着福州经济发展和环境保护工作。在这些理念的指导下，福州的城市人居环境得到改善，人民生活水平和生活质量得到提升。显然，福州市委市政府既从实践的角度考察了自然环境对经济发展的影响，也将其生态理念落实在具体之中推动福州市各地的经济社会发展，使“纸裱的福州”逐渐转身为山水城市，成为福州人民的幸福之城。

三、在党的环境政策指导下走生态城市建设之路

如何摆脱“先发展、后治理”的发展道路是现代化进程中处理经济发展和环境保护的核心命题，也是每个地方干部面对的实际难题。这对矛盾在福州的表现主要是既有的发展方式已带来环境的危害，但经济发展任务依然艰巨，如何发展是一个难题。福州市在国家环境保护和经济社会发展政策的指导下，基于福州客观的自然优势规划生态空间、优化发展方式、发挥资源优势推进经济社会发展，为处理好经济发展和环境保护矛盾给出了福州版的答案。

福州作为福建省省会，地理位置相对优越，经济社会发展条件相对更为优

越，但早年福州一直处于缓慢发展阶段，经济发展仍是其首要任务，经济发展和环境保护的矛盾需要在发展之中进行解决。

贫困的百姓渴盼温饱和发展，福州市百姓也渴盼过好日子，但纸裱的福州城市老旧，福州八县市区的经济发展水平低且各县环境资源差异大、问题不一。福州所辖县市区既有海边县市区福清、长乐、连江，也有山区闽清、永泰、闽侯，还有海岛平潭，各地的客观物质生产方式和生活水平都不一样，使得各地的经济发展和环境问题矛盾表现也不一，大体而言主要表现为：先发的县市区如何治理工业带来的污染；后发的县市区如何发挥自然优势推进发展；先发和后发的空间布局和产业互补如何实现。为了解决好经济发展和环境保护的矛盾，福州市立足于经济发展和环境保护矛盾的主要方面，在推动当地经济社会发展中解决环境问题，遵循马克思主义生产理论逻辑探寻发展之路，做到因地制宜、因时施策，提出各个地方建设重点，提出不同的发展思路。如为了推动福州的经济发展提出建设海上福州，制定闽江口金三角的发展规划，制定《福州市 20 年经济社会发展战略设想》，分阶段规划福州市从 1992 年起未来 3 年、8 年、20 年经济发展目标，故该战略设想又被称为“3820 战略工程”。《福州市 20 年经济社会发展战略设想》依然是福州市经济社会发展的重要战略规划，成为福州城市建设的行动遵循，指导着生态福州、现代化福州的建设，为福州在统筹经济发展和环境保护的矛盾中推进城市建设提供了行动遵循和思想指引。

习近平在福州市委工作长达 6 年，在实践工作中积累了处理经济发展和环境难题的地方经验。这种经验主要表现在以发展为目标，在绿色发展中解决两者矛盾，科学地调整人与自然关系，在调整福州经济发展和环境保护的矛盾中建设国际现代化城市。福州市遵循他的思路与经验，借助自然优势推动当地经济社会发展解决经济发展和环境保护的矛盾，如制定区域经济社会发展战略，提出发展海上福州，使福州区域经济发展方向与区位优势相结合；在实践中还不断调整福州市的经济结构，要求城市企业要坚守环保标准，推进绿色产业在当地生根发芽等，使经济结构与福州市各地自然优势相结合；并结合福州各地的具体物质生产条件对其发展方式、发展路径等指出了绿色的方向，如充分发挥既有的自然资源，提出永泰的发展方向就是绿水青山、充分发挥平潭的海洋资源和自然风光发展旅游产业等，在推动自然要素与生产要素的融合中不断探索绿色发展之路，逐渐摆脱先发展、后治理的发展模式。这些在党的政策指导下制定的城市经济发展战略，使福州各县市区因地制宜找到适合的发展方式。这些在发展中保护环境、在保护环境中促进发展的举措，推动人与自然协调发展，为福州经济体制、经济增长方式根本性转变创造了良好条件。在具体的实践过程中，福州市始终坚持结合福州的特殊性，在思考并解决福州各地客观特殊环境难题的探索中积累了地方经验，最终从地方经验转变为新的发展方式。海上福州发挥广阔海域的资源建设优势，推动当地百姓增产增收。1995 年全市水产品总产量达 82.9 万吨，居全国省会城市首位；“全市的生产总值在省会城市中的排名从 1990 年的第 12 位上升到 1994 年的第 8 位，进入全国先进行列”[1]；并且产业结构也得到优化，“1991 年第一、第二、第三产业的比重为 26.7：43：30.3，1995 年的第一、第二、第三产业的比重为 20.28：38.42：41.3”[2]。福州各县市区经济社会也获得一定发展，闽清县逐渐走出高污染、高耗能、高排放的发展方式，生态品牌、环保科技、旅游休闲等成为当地新兴行业；福州“后花园”永泰县依靠生态环境、旅游品牌吸引着四方游客；平潭岛在充分发挥滨海优势时也成为闻名遐迩的旅游打卡之地。

福州市政府借助福州区位优势接续进行山水城市的建设，坚持战略指引、处理好经济发展和环境保护的矛盾。在宏观上规划好“三生空间”，不断推动土地等资源集约使用，在空间布局上规划建设好山水福州，2022 年福州市森林覆盖率高达 58.41%，被誉为森林城市。在微观上推进产业绿色发展，减少生产耗能，如福耀玻璃利用数控技术改造传统的玻璃熔窑，形成可循环使用的产业链；推动制造业企业实施“机器换工”，减少劳动密集型产业；推进环保产业发展，如新大陆、国脉科技的自动化排污技术；还引入市场机制，推动建

---

[1] 中央党校采访实录编辑室．习近平在福州［M］．北京：中共中央党校出版社，2020：10.

[2] 《福州年鉴》编委会．福州年鉴（1996）［M］．北京：中国统计出版社，1996：2.

立排污权、碳排放权和用能权等相应的交易市场，2014 年福州市开展了排污权试点交易，在全省首先设立了绿色生态基金，推动工业高质量发展，发展绿色生态行业，实现绿色发展。2022 年福州的经济总量已超 1.2 万亿元[1]，“挽住云河洗天青、闽山闽水物华新”，福州市人民按照习近平总书记的嘱咐将山水城市福州建设得更加美好，造福于人民群众。

面对经济发展和环境保护的时代之问，在福州市委工作的习近平立足于福州市客观的物质生产条件，提出“城市生态建设”理念，擘画了福州市的发展蓝图。福州市历任干部以习近平的城市生态建设理念为思想指引和行动遵循接续建设，把福州市建成为山水城市样本。这些硕果的取得是福州市人民基于马克思主义立场、观点、方法对时代之问的思考，是在坚持福州现实环境问题和发展战略前瞻性相结合，坚持普遍的环境政策与福州特殊的地情相结合，坚持马克思主义理论指导与实践探索相结合，围绕生态立市做文章，在落实生态立市战略中提供了山水城市建设样本经验。

---

❶ 福州市统计局，国家统计局福州调查队. 2022 年福州市国民经济和社会发展统计公报［EB/OL］.（2023-03-25）［2023-06-30］. http：//tjj. fnzhougov. cn/zz/zwgk/tjzl/ndbg/202304/t20230406_4581011. htm.

第五章

生态省样本：福建省生态文明建设

福建省面海靠山，历史上曾是蛮荒之地，随着经济社会的发展，其独特的地理位置劣势逐渐转化为发展优势。在现代化的发展过程中，粗放式的发展带来了资源紧张、环境破坏等问题，但今天福建省已经成为全国闻名的生态省，这离不开时任福建省省长习近平的实践探索，也离不开历任福建省干部和福建人民的努力。习近平在福建省委、省政府工作时间长达6年，这期间习近平谋划生态省的建设并指导编制《福建生态省建设总体规划纲要》，对福建生态省的建设进行了深入的思考和实践，今天依然引领着福建生态省的建设。作为生态省建设的典型，福建省干部和福建人民接续开展生态文明建设，在生态环境治理、绿色产业发展、体制机制创新等方面取得一定的成绩，成为全国生态省建设的样本。

第一节　生态省福建生态文明建设的相关论述和探索实践

福建省位于我国东南沿海，全省土地面积约为12.4万平方公里，海域面积达13.6万平方公里，海岸线曲折，陆地海岸线长3752公里，居全国第二位。[1] 20世纪90年代福建省经济社会发展处于提速阶段，但伴随着工业化、城镇化、市场化发展，福建省环境问题也逐渐呈现出来，如城市尘类污染、空气质量指数、水环境等都不同程度存在问题。如何在推动福建经济社会发展时保护好生态环境，如何利用福建自然优势推动经济发展，这些都是福建省委省

[1] 中华人民共和国中央人民政府．福建［EB/OL］．（2019－01－29）［2022－01－05］．https：//www.gov.cn/guoqing/2019－01/31/content_5362798.htm.

政府干部们思考的问题。

一、建设生态省、编制《福建生态省建设总体规划纲要》

1998 年，亚洲金融危机造成经济发展“刹车”，福建省也面临经济转型之痛。既有的粗放型生产方式带来环境污染加剧，使人均耕地全国最少的福建环境承载压力大，而彼时的福建 GDP 仍不足 4000 亿元，财政总收入 281.4249 亿元。[1] 资源依赖型的发展方式带来可持续发展危机，怎样破题推动福建经济发展成为难题。1983 年时任中国社会科学院副院长经济学家于光远首次倡导建设生态省。生态省，顾名思义即以省为行政单位，推进可持续发展的模式，其着眼点在于基于生态的整体性而进行行政管理，使经济发展和环境保护的矛盾能以省为单位整体解决。这是我国落实可持续发展道路的一项创举。随着生态危机加重，1995 年，国家首次在政策层面提出建设生态文明示范区；1999 年初，海南省被批为首个生态省。

在福建发展瓶颈现实难题面前，2000 年时任福建省省长的习近平提出建设福建生态省，作为福建生态省建设小组组长的习近平主持编写了《福建生态省建设总体规划纲要》，这为福建省发展转型提供了方向。福建省委省政府在制定《福建生态省建设总体规划纲要》的基础上全面规划生态省建设。该纲要主要围绕自然资源保护与开发、经济发展类型、绿色消费、生态文化等进行全方位规划。首先提出 20 年的建设目标，即“使福建成为生态效益型经济比较发达、城乡人民居住环境优美舒适、自然资源永续利用、生态环境全面优化、人与自然和谐发展的可持续发展的省份”[2] 的总体目标。其次，制定各阶段建设目标，在 2002—2005 年启动生态省建设、在 2006—2010 年推进生态省

---

[1] 福建省统计局. 福建统计年鉴（1999）[EB/OL].（1999 - 12 - 30）[2022 - 06 - 01]. http://tjj.fujian.gov.cn/tongjinianjian/dz99/index1.htm.

[2] 转引自福建省将乐县人民政府网站. 中共福建省委、福建省人民政府关于印发《福建生态省建设总体规划纲要》的通知 [EB/OL].（2011 - 03 - 13）[2020 - 05 - 01]. http://www.jiangle.gov.cn/ztzl/stxcj/ghfa/201405/t20140513_617867.htm.

建设、在 2011—2020 年提高生态省建设水平。最后，在横向上提出要建设好六大体系，要从六个方面推进生态省的建设，即生态效益型经济、资源保障、人居环境、农村生态环境、生态安全、科教和管理决策体系。

福建山多海阔，福建省委省政府多举措推动福建生态省建设。首先根据山海特征调整区域经济结构。产业是区域经济的基础，调整优化山海区域经济结构，必然要从整体上统筹考虑山海之间的产业布局和产业协作。这就要求福建必须将产业结构调整与区域经济结构调整紧密结合起来，从山海两个方面共同促进全省产业结构和区域经济结构的优化。其次，从政策等方面着手推动山海协作。福建省委省政府 2001 年出台《关于进一步加快山区发展推进山海协作的若干意见》，将各项山海协作政策落到实处，如完善定点帮扶政策。最后，确立了具体实施项目并给予资金支持，《关于进一步加快山区发展推进山海协作的若干意见》就指明要进一步加大对山区财政、金融政策的扶持力度，要加大对山区的扶贫力度，中央各类扶贫资金和省各类扶贫资金当年投入山区的比例不低于 80%。[1] 2002 年 1 月 23 日，福建省第九届人民代表大会第五次会议，省政府进一步对山海协作项目额度、项目数量、投资资金做了具体的安排，指出“全省重点项目额的 55% 投放在山区，新增山海协作项目 590 多项，总投资约 50 亿元”[2]。显然福建省委省政府多路径推动福建生态省战略的实现，既在政策上明确生态省建设意义、目标和路径；在实践中也给予具体资金支持，推动山海协作战略有效进行，推动生态省的建设。

二、龙岩长汀水土与莆田木兰溪治理中建设生态家园

龙岩长汀水土与莆田木兰溪的治理是福建省两件大的水土治理工程，龙岩

---

[1] 福建人民政府公报．关于进一步加快山区发展推进山海协作的若干意见［EB/OL］．（2001－02－05）［2020－02－05］．http：//zfgb. fujian. gov. cn/7668.

[2] 习近平．坚定信心奋发有为把福建的现代化建设事业继续推向前进［N］．福建日报，2002－02－06（1）．

长汀水土流失和莆田木兰溪的水患曾经严重影响民生，影响当地经济社会发展。福建省委省政府一直以来就关注于此并致力于治理。

第一，治理龙岩长汀水土流失。

长汀县地处福建省龙岩地区，虽然85%左右是山地，但森林覆盖率不高，还以水土流失而闻名，是南方红壤区水土流失的典型区域。水土流失的原因较多，既有人为的砍伐、战争、粗放的生产，还有自然的灾害。新中国成立之前当地政府就已经开展了治理工作，新中国成立后，长汀水土流失治理工作也成为历任政府的重要工作，时任福建省委书记的项南曾多次指导治理工作，1983年开启了规模化治理工作且取得一定成效，至1999年，治理水土流失面积45万亩，减少流失面积35.55万亩，[1] 但并未能根治"山光、水浊、田瘦、人穷"。为能打赢水土治理攻坚战，福建省委省政府从多角度多方面推动此项工作。首先，提出彻底根治的目标。在福建工作期间，习近平先后5次到长汀调研水土流失治理工作，动员彻底消灭荒山。福建省委省政府带领长汀县人民将水土流失治理工作与绿色产业发展结合起来，协同解决生产、生态、生活问题。习近平一直关心长汀的水土问题，为长汀人民的经济发展、生态保护出谋划策，长汀人民深受鼓舞。

福建省委省政府以发展绿色产业为指导理念推进长汀水土治理，并给予政策、资金等支持。作为历史性的治理难题，要彻底根治，肯定离不开资金的支持。2000年1月8日，福建省委省政府将长汀县百万亩水土流失综合治理列入为民办实事项目，每年给予1000万元的资金支持，并将其上报为国家水土保持重点县。在2002年福建经济工作重点中还提出要完成治理水土流失面积1100平方公里的目标。[2] 为了减少人口对自然生态压力，福建省委省政府还推动移民工程，指导6万多山民移居。长汀县委县政府也积极探索水土治理机制，如建立林权流转制度，实行谁种谁有，谁治理谁收益；在技术上推广

---

[1] 福建省纪检监察. 水土流失治理的"长汀经验"走向世界［EB/OL］.（2021－12－10）［2022－02－20］. http：//news. sohu. com/a/507042542_121106994.

[2] 习近平 . 2002年福建经济工作的重点和任务［J］. 发展研究，2002（1）：6.

“草木沼果”生态农业模式，使荒山植被快速生长起来；在管理方面，长汀法院延伸司法职能，创新“生态审判三三机制”，助推长汀水土流失治理工作。

第二，治理莆田木兰溪水患。

木兰溪全长105公里，从戴云山脉一路而下流入大海。作为莆田人民的母亲河，历史上却水患不断，治理不断，既留下了钱三娘治水佳话，也留下首批世界灌溉工程遗产木兰陂，但这些并未彻底根治水患。水漫莆田成为莆田人民心中长久的记忆，受此影响人民生活也较为清苦，木兰溪治理工程曾五次规划，两度上马，但因技术、资金等原因迟迟未开工。

时任福建省省长的习近平积极推动莆田木兰溪的水患治理工作。木兰溪与海相连，海水涨潮时常带来水流漫灌，并使得盐碱遍地，两岸的南北洋只生蒲草。为了进一步变水害为水利，福建省委省政府首先坚持“变害为利”的指导思想，在调研新技术方案的可行性基础上推进木兰溪的治理。其次积极推动木兰溪工程科学施工，1999年10月福建省水利厅联系专家论证木兰溪防洪工程的技术问题，在当年就启动木兰溪防洪工程一期奠基工程。在1999年12月27日木兰溪防洪工程一期建设奠基时，习近平接受采访时说：“我们来这里参加劳动，目的是推动整个冬春修水利掀起一个高潮，我们支持木兰溪改造工程的建设，使木兰溪今后变害为利、造福人民。”[1] 2003年木兰溪裁弯取直工程完成，2011年木兰溪两岸防洪堤实现闭合、洪水归槽。为加强木兰溪水域治理，2011年莆田市委市政府还推动莆田闽中污水处理厂的建设。今天木兰溪已经变身为全国十大最美家乡河，并逐渐实现了治水与发展共赢。

福建省委省政府还重视农业面源污染治理、餐桌污染治理、湿地保护、城市环境治理、“五江二溪”等流域河流治理等，对福建省生态环境治理工作、生态省建设规划和实践方面进行很多有益的探索。

---

[1] 央视网. 变害为利 造福人民——习近平生态文明思想在福建木兰溪的探索实践（第二集）[EB/OL].（2019-12-26）[2021-02-03]. http://tv.cctv.com/2019/12/26/VIDEJhQGvu3Fpq0eDSF813R6191226.shtml.

三、青山绿水是无价之宝、推动福建山区绿色发展

福建的地貌是八山一水一分田，三明、龙岩、南平和宁德都以山多为主要特点。作为全国重点林区之一，如何发挥山区自然资源优势，走出发展新路是福建省干部思考的现实难题。

第一，绿水青山是块宝，推进三明绿色发展。

三明市，地处武夷山南麓、闽江源头，三明因厂而设市，曾是福建的工业基地。虽然如此但三明经济发展一直相对落后，如何发展是一大考题。1997年4月11日，习近平到将乐县高唐镇常口村调研，他叮嘱村干部说："青山绿水是无价之宝，山区要画好山水画，做好山水田文章"❶，他还对常口村村干部提出"生态林业也是未来林业，我们要把林业产业和林业生态统一抓好，要把水土保持摆上重要位置，否则将来就会满目荒山、两手空空"❷。

福建省委省政府以"青山绿水是无价之宝"为遵循大力推进三明开放开发，促进区域经济协调发展。首先，继续加大对三明山区发展的扶持力度，集中力量抓好山区基础设施和生态环境建设，大力推动山海协作上新水平，不断推动青山绿水转化为金山银山。其次，三明市委市政府在省委领导下既守护好青山绿水，又着力开发金山银山。2000年8月三明市委市政府开始筹建福建省三明高新技术产业开发区——金沙园，规划建成经济效益好、资源消耗低、环境污染少的高新技术产业聚集区，并以此推动山海协作、调整山区产业结构、提高经济总量。再次，推动三明县域经济绿色发展，建宁县以建设"全国生态县"为契机，推进农业产业化，逐渐建成为中国建莲之乡、中国黄花梨之乡，建宁县还以国家地质公园为驱动发展特色旅游，并以城区拓展带动城兴业旺；沙县发挥空间优势、地理优势、交通优势、资源优势打造绿色工贸城

---

❶ 刘磊，刘毅，颜珂，等. 风展红旗如画——全面贯彻新发展理念的三明探索与实践（上）[N]. 人民日报，2020-12-16（4）.

❷ 中央党校采访实录编辑室. 习近平在福建（上）[M]. 北京：中共中央党校出版社，2021：284.

市，培植竹业、畜牧业、茶果业，发展绿色农业等；永安县也培育自身特色资源发展特色产业，如养羊业、林竹业、纺织业和旅游业；将乐县常口村人们常年守着青山绿水过穷日子，现在村委会按照“青山绿水是无价之宝”理念，一方面做好水土保持，另一方面发展生态旅游业推动绿水青山转化为金山银山。

第二，推动山区林权改革，促进绿色发展。

福建虽然山多林多，但受既有的林业政策影响，存在林权不清晰、经营主体错位、机制不灵活、分配不合理等问题，带来造林难、护林难，百姓“靠山吃山”的创新之路无法实现。

在宁德地委和福州市委工作期间习近平就非常注重林业改革，在福建省委省政府工作期间继续抓住山多的特点肯定并推动福建省开展以“明晰产权、放活经营权、落实处置权、确保收益权”为主要内容的集体林权改革，在改革之中实现经济发展、百姓致富、生态良好的建设目标。2001 年，龙岩武平万安乡捷文村提出“山要平均分、山要群众自己分”的思路，将山林承包落实到户，武平县就此铺开集体林权“分山到户、家庭承包”的试点工作。习近平前往武平县调研并充分肯定武平林权制度改革。在武平林权制度改革的基础上，时任福建省省长的习近平按照“农民得实惠、生态得保护”思路推进全省集体林权改革，并指出“集体林权制度改革就是要把家庭联产承包责任制从山下搬到山上”❶。

福建省委省政府在习近平的指导下，围绕林业承包经营权、生产自主权和经济收益权不断展开改革。2002 年 12 月，福建省委省政府出台《福建省加快人工用材林发展的若干规定》，明确提出实行林权制度改革；2003 年 4 月，福建省政府下发《关于推进集体林权制度改革的意见》，提出要在三年内实现“山有其主、主有其权、权有其责、责有其利”，之后不断推进配套改革，调动林农积极性，实现生产发展、资源增加、林农增收。2006 年底，林改主体

❶ 中央党校采访实录编辑室．习近平在福建（下）［M］．北京：中共中央党校出版社，2021：14.

任务基本完成，当年福建林业总产值达到105.78亿元。[1] 为了进一步完善林业发展建设机制，福建省委省政府于2006年12月出台《关于深化集体林权制度改革的意见》，进一步推进林业发展，逐渐使“山定权、树定根、人定心”得以实现。永安市在此基础上还积极推进林业服务，在全国建立第一个林业要素市场，被称为永安模式。与此同时福建省委省政府还推进林业工业企业发展，1999年全省林业系统完成工业总值33亿元，利润总额达5874万元。[2]

第三，推动发展旅游经济，推进山区绿色发展。

福建省委省政府重视旅游经济的发展，开拓绿色发展之路。旅游经济也称无烟工业，既可以推动当地百姓增收，又可以提高市民生活质量，使自然资源的价值得到充分体现。所以山区要走好旅游经济这条路。

时任福建省省长的习近平同志积极推动山区发挥自然优势发展旅游经济，同时还注意保护文物，以拓展山区旅游事业。为此，他召开省长办公会议专题研究推动假日旅游发展，会上他指出“山区的工业、加工业搞不上去，发展潜力就是旅游业，要重视做好旅游文章”[3]，还专门作出批示要求各单位和个人都要保护好这些不可再生的珍贵文物资源。这为今天三明万寿岩矿区村民留住了生态金饭碗，也为福建山区开拓出了新的发展之路，山区百姓牢记“保护文物和发展生产两不误”的嘱托，捧着生态饭碗走上了富裕之路。

福建省委省政府主要从两方面推动旅游经济深入发展。一是要求景区做好自然环境保护，推动旅游景区升级。武夷山是福建省重要的旅游景区，不仅是丹霞地貌的典型代表，也是南越文化和朱子文化所在地，1999年被列为世界自然和文化遗产，有着无与伦比的生态人文资源。2001年9月，福建省政府第34次常务会议审议通过武夷山“双世遗”保护条例。武夷山近年来在生态保护、民生改善、绿色发展相结合中走出了一条高质量发展之路。二是做好景

---

[1] 福建省统计局. 福建统计年鉴（2007）[EB/OL].（2007-12-30）[2022-06-01]. http://tjj.fujian.gov.cn/tongjinianjian/dz07/index1.htm.

[2] 福建省年鉴编纂委员会. 福建年鉴（2000）[M]. 福州：福建人民出版社，2000：197.

[3] 洪一树，等. 全国各地总动员 迎接国庆“黄金周”[N]. 中国旅游报，2000-09-11（2）.

区开发。闽侯祥谦镇五虎山有其独特的风景，省委省政府推动五虎山的开发和保护，2004 年五虎山被列为省级森林公园。海边城市莆田也坚持可持续发展战略，加大资源环境保护力度，处理好开发与保护的关系，把海洋开发纳入有序化管理轨道，避免了资源浪费和环境遭受严重破坏。

解决经济发展和环境保护的难题是时代的问题，也是人民的呼声，这些都推动了福建省委省政府不断思考、探索、实践新的发展之路。马克思指出："人类始终只提出自己能够解决的任务，因为只要仔细考察就可以发现，任务本身，只有在解决它的物质条件已经存在或者至少是在生成过程中的时候，才会产生。"❶ 福建省委省政府立足于福建自然资源推动福建经济社会发展，建设生态省，推进产业结构调整，推动山海协作，推动山区绿色发展，逐渐摆脱"先发展、后治理"的道路；不断协调好经济效益、社会效益和生态效益，逐渐走上绿色之路。

第二节　福建生态省接续建设生态文明

在福建省委、省政府工作期间习近平同志提出并推动生态省的建设，主持制定《福建生态省建设总体规划纲要》，为福建生态省建设进行了前瞻性的探索实践，为生态福建建设提供了理论指导，奠定了坚实的实践基础。2012 年 3 月，习近平在两会期间看望福建代表团时提出"生态资源是福建最宝贵的资源，生态优势是福建最具竞争力的优势，生态文明建设应当是福建最花力气的建设"❷。2014 年 11 月，习近平在福建考察时要求福建省要将生态优势转化为经济优势，福建省干部一任接着一任干，建设"机制活、产业优、百姓富、

❶ 马克思，恩格斯. 马克思恩格斯文集（第二卷）[M]. 北京：人民出版社，2009：592.

❷ 转引自刘萍，黄世宏，蔡希娜. 生态之路——前进中的全国首个国家生态文明试验区福建 [M]. 北京：红旗出版社，2017：4.

生态美”的新福建。

一、建设生态福建

在遵循习近平生态省建设的思路与指导下，福建省政府点面结合继续开展环境治理工作，在面上颁布了系列规划和规章，在点上继续重点治理长汀水土流失和莆田木兰溪，为天蓝地绿水净添上重笔。

第一，在落实《福建生态省建设总体规划纲要》基础上做好宏观规划。

自 2002 年启动生态省建设，福建省政府认真落实《福建生态省建设总体规划纲要》，并在此基础上继续做好宏观规划。一方面按照规划在资金、政策等方面落实生态省规划纲要，另一方面制定系列文件推动福建生态省建设。为了进一步规范空间开发，2010 年福建省制定并实施《福建省生态功能区划》，2012 年颁布《福建省主体功能区规划》，根据各地的生态区位和地理位置，将福建省划分为四大功能区，即优化开发、重点开发、限制开发和禁止开发四类；为了推动生态省建设有序进行，相继制定福建省“十一五”“十二五”“十三五”“十四五”环境保护与生态建设专项规划。这些规划为福建生态文明建设提供了制度保障。2022 年 10 月 14 日，福建省人民政府还制定出台《深化生态省建设 打造美丽福建行动纲要（2021—2035 年）》，以打造美丽中国示范省为目标，以“塑造宜居宜业的美丽城市、美在山水相融有聚力，绘就兴业绿盈的美丽乡村、美在诗画田园有活力，打造水清岸绿的美丽河湖、美在景秀文兴有生力，建设人海和谐的美丽港湾、美在滩净海碧有魅力，发展集约循环的美丽园区、美在低碳智慧有动力”为载体强化保障推进任务措施全面落实等方面谋划了美丽福建的建设。

不仅如此，福建省政府还制定多项制度和地方性规章推进生态文明建设，如《福建省生态文明建设促进条例》《福建省生态环境保护条例》《福建省水污染防治条例》《福建省生态环境监管能力建设三年行动方案（2020—2022 年）》《福建省天然林保护修复实施方案》《福建省碳排放权交易管理暂行办法》《关于构建现代环境治理体系的实施方案》《深入推进闽江流域生态环境综合治理工作方案》《关于全面推行林长制的实施意见》《福建省绿色建筑发展条例》《深化九龙江流域保护修复攻坚实施方案》《福建省农村生活污水提升治理五年行动计划(2021—2025 年)》等 20 多部地方性法规，这些规章制度对生态治理、生态环境、生态经济、生态文化、保障机制、监督考核等进行全方位的规划。

第二，多举措治理空气，让八闽之子共享幸福蓝。

空气是自然环境优劣的重要指标，直接关乎人的身体健康，根据福建省 2022 年生态环境状况公报，9 个设区城市空气优良天数比例稳定，细颗粒物浓度降至 19 微克/立方米，九市一区城市环境空气质量平均达标天数比例 97.6%，在全国 168 个重点城市中，福州和厦门空气质量分别位于第五和第九。[1] 这主要缘于福建省政府出台污染防治条例，积极开展空气治理。自 2013 年国家制定颁布《大气污染防治行动计划的通知》后，福建省一方面按照国家相关规定开展大气污染防治，开发清洁能源，如核电、风电、天然气等；推进工业治污减排，对锅炉污染进行整治，对移动源污染进行管控，推动新能源车的使用等。另一方面 2018 年率先出台《福建省臭氧污染防控指南（试行)》和《福建省臭氧污染防治工作方案》，2020 年发布《福建省 2020 年挥发性有机物治理攻坚实施方案》，这三份文件都针对福建省空气治理的短板，即 VOCs（挥发性有机物）的治理。2018 年福建省还出台《福建省大气污染防治条例》和《福建省打赢蓝天保卫战三年行动计划实施方案》，这些都为幸福蓝添上重笔。2022 年出台《福建省“十四五”空间质量改善规划》，提出从优化产业结构、优化能源结构等方面守护好幸福蓝。2023 年福建省还出台《关于全面推进锅炉污染整治促进清洁低碳转型的意见》推进燃煤锅炉全面转型、升级，打好蓝天保卫战。同时福建省政府还从生态整体性出发强化区域联防联控，并借助市场手段，推行 PPP 模式，推动第三方参与污染治理，启动碳排放权交易市场，促进企业主动减排。

---

[1] 福建省生态环境厅. 2022 年福建省生态环境状况公报［EB/OL］.（2023－06－02）［2023－08－25］. https：//sthjt. fujian. gov. cn/ztzl/hjzl/fjshjzkgb/lngb/202306/t20230629_6195024. htm.

第三，全过程造林护林，使八闽大地穿上绿衣。

在2022年福建省生态环境状况公报中，福建省森林面积已经达到807.72万公顷，森林覆盖率65.12%，森林蓄积量8.07亿立方米，省级以上生态公益林保有面积266.5万公顷，连续44年居全国首位。[1] 这与其天然的八山一水一分田的地理条件相关，更与地方政府全方位开展造林护林相关，其中有三个典型案例。首先水土流失严重的长汀从“火焰山”变成“花果山”。长汀人民按照“治理水土流失，建设生态农业”和“进则全胜，不进则退”[2] 的指示，采取多元协同精准与深层次治理模式和“县指导、乡统筹、村自治、民监督”护林机制，推广“猪—沼—果”生态农业模式，采用“反弹琵琶”等技术，将治山与治水、治理与保护、统筹推进和专项整治相结合。经过二十多年的持续治理，如今已绿回汀州。据统计，“截至2020年，全县水土流失率降至6.78%，森林覆盖率提高至80.31%，农村居民人均可支配收入提升至18149元”[3]，过去的“火焰山”成为“花果山”。2017年长汀成为国家第一批生态文明建设示范县，它独特的治理和修复经验还使其在2021年入选联合国《生物多样性公约》第十五次缔约方大会的生态修复典型案例。为了推动长汀成为全国水土保持高质量发展先行区，成为全国生态文明建设样板，长汀县2023年出台了《关于加强新时代长汀水土保持工作 进一步打造“长汀经验”升级版实施方案》，按照“进则全胜”的要求，方案提出2023—2025年将在创新技术模式、推动绿色发展、健全机制体制方面先行，加快推动长汀水土保持高质量发展。长汀人民在治理水土流失中逐渐脱贫致富，长汀三洲镇通过“支部+合作社+基地+农户”的合作模式推动杨梅产业发展，使三洲森杨梅品牌走向全国，2023年三洲森杨梅专业合作社被评为国家级合作社。其次龙

---

[1] 福建省生态环境厅．2022年福建省生态环境状况公报［EB/OL］．（2023-06-02）［2023-08-25］．https：//sthjt. fujian. gov. cn/ztzl/hjzl/fjshjzkgb/lngb/202306/t20230629_6195024. htm.

[2] 阮锡桂，等．绿水青山就是金山银山——习近平同志关心长汀水土流失治理纪实［N］．福建日报，2014-10-31（2）．

[3] 安黎哲，林震，张志强，等．长汀经验，“生态兴则文明兴”的生动诠释［N］．光明日报，2021-12-18（9）．

岩武平林权到户，激励村民造林。2001 年 6 月，武平县万安镇捷文村把集体山林均山到户，率先进行林权改革，增强了人们的护林意识，并获得时任福建省省长习近平的肯定。今天捷文村继续进行林业配套改革，成立林权收储担保中心，森林覆盖率达 84.2%，森林蓄积量达 19.3 万立方米，村民人均可支配收入由 2001 年的 1600 元增长至 2021 年的 28860 元。❶ 最后福建三明通过赎买、置换、抵押方式保护生态林，解决森林保护和经济发展的矛盾。三明市政府围绕林业的栽种、管理、资金支持等各方面进行改革，试图将林权改革与林农致富、乡村振兴、林业发展的市场体制机制创新结合起来。2014 年以来，三明市对明溪、泰宁、将乐、尤溪、清流、宁化、建宁、大田 8 个县实行农业和生态保护优先的绩效考核。2021 年三明的林权改革和碳汇交易入选 2021 年自然资源部生态产品价值实现典型案例。三明还启动绿色金融，并率先实行绿色共享举措，开展拆墙透绿行动，拆除改造围墙约 4757 米，新增绿化面积 15615 平方米。❷

第四，多主体参与污水治理，使八闽大地披上玉带。

在 2022 年福建省生态环境状况公报中，全省主要流域Ⅰ—Ⅲ类水质比例 98.7%，比上年提升 1.4 个百分点，县级以上集中式生活饮用水源地水质均达标，淡水湖泊水库水质达Ⅰ—Ⅲ类的湖库占 94.7%。❸ 2022 年闽江、九龙江流域作为中国山水工程项目入选联合国首批十大世界生态恢复旗舰项目。但受地理原因限制，福建省工业发展起步迟，星星点点的小砖瓦厂、小水泥厂、小钢铁厂、小电镀厂、小造纸厂多，其污水也多直接排入河流。如何使黑臭河水变回清澈的碧水，福建省一方面出台制定《福建省河道保护管理条例》《福建省水资源条例》《福建省“十四五”地下水污染防治规划》《福建省“十四五”重点流域水生态环境保护规划》等规章规定深化水环境综合治理、推进水生态保护修复、建设美丽河湖。另一方面福建省多主体参与治理使八闽大地佩戴

---

❶ 福建省林业局. 福建林业改革发展 20 年突出贡献集体：武平万安镇捷文村［EB/OL］.（2022－05－20）［2023－06－20］. http：//www.fujiansannong.com/info/74686.

❷ 刘岩松. 我市启动市区拆墙透绿专项行动［N］. 三明日报，2019－08－19（1）.

❸ 福建省生态环境厅. 2022 年福建省生态环境状况公报［EB/OL］.（2023－06－02）［2023－06－25］. https：//sthjt.fujian.gov.cn/ztzl/hjzl/fjshjzkgb/lngb/202306/t20230629_6195024.htm.

上玉带。一是市场发挥力量促使企业主动减排，对排污权进行有偿交易，科技部门也努力开发高新技术和“绿色技术”推动清洁生产，从源头减少污染物的排放。二是出台《福建省河长制规定》，推行河长制进行水治理。自2003年浙江长兴县率先实行河长制后，2009年三明大田县也开始探索河长制。河长制使地方政府官员与企业共担污水治理的责任，使河流治理工作落到实处。三是落实生态补偿制度。根据流域治理的整体性，地方政府联合推行跨市、跨省治理，这些补偿措施虽然目前仍多以政府为主体进行交易补偿，但客观上保护了流域的水质。2022年10月14日，福建省人民政府办公厅还制定《福建省综合性生态保护补偿实施方案》，通过综合性生态保护补偿等政策的实施，促进重点生态功能区、生态文明建设示范区生态环境质量持续改善和提升。四是协同治理。如通过协同治理使莆田木兰溪从“灾难河变成幸福河”。自1999年在习近平亲自擘画、科学决策的基础上对木兰溪水患进行综合治理后，莆田市政府以“变害为利、造福百姓”为指导，从1999年底到2011年6月，整治河道15.54公里，新建堤防28.03公里，[1] 使木兰溪从灾难河变成安全河；与此同时开始对水环境污染进行整治，对污染源头采取管控，关停取缔污染企业3000多家，完善乡村污水处理设施建设；治理过程中实行全流域系统治理，落实双河长制，创新建设湿地公园种植水生植物净化水质；率先在全省以法律规定形式划定保护区范围，制定《莆田市东圳库区水环境保护条例》划定禁养区、禁建区、可养区；还率先全省试点创建污水零直排区等，“生态综合整治干流河道比例超过70%，城市绿心中水面面积达15%以上”[2]，其城市绿心项目获“中国人居环境范例奖”，2022年木兰溪流域水质优，Ⅰ—Ⅲ类水质比例91.7%，[3] 防洪标准也已经达到五十年一遇的标准。

---

❶ 福建莆田市木兰溪生态文明建设实践［EB/OL］.（2019-08-22）［2022-09-10］. http://news.cnr.cn/native/gd/20190822/t20190822_524742698.shtml.

❷ 林爱玲. 莆田治水故事：一溪春水向东流——莆田秉承木兰溪治水理念持续提升综合治水［N］. 福建日报，2018-12-27（13）.

❸ 福建省生态环境厅. 福建省生态环境公报［EB/OL］.（2023-06-02）［2023-06-25］. https://sthjt.fujian.gov.cn/ztzl/hjzl/fjshjzkgb/lngb/202306/t20230629_6195024.htm.

二、发展生态效益型经济

福建人民按照习近平在福建工作期间确立的发展思路、制定的发展规划、指出的发展方向，发挥生态优势摆脱贫困并逐渐走上致富之路。在生态领域人们致力于推动“蓝天、绿衣、玉带”高颜值带来高质量发展，着力建设生态效益型经济，通过生态＋产业的方式，实现生态产品价值，使高颜值的自然带来高质量的发展。在福建工作期间习近平就极为关注生态效益型经济，推动农业、林业、工业走向生态化，也致力于推动生态产业化。福建人民充分发挥自然资源优势，生产生态产品，接续推动生态效益型经济发展。

三明利用生态优势，使青山绿水成为一块宝。三明因工业而建市，在20世纪70年代，钢铁厂、水泥厂、化肥厂林立于三明，因此三明的绿色转型责任大、难度也大。自习近平提出“画好山水画”“做好山水田文章”“青山绿水是无价之宝”[1]后，三明努力“画好山水画”“做好山水田文章”。经过多年努力，2021年三明森林覆盖率已经达到78.14%，已然从工业三明变身为绿色三明，成为福建省的天然氧吧。这主要缘于三明市政府持续推进林权改革，创新性地推出“福林贷”等林业金融，推进重点生态区位商品林赎买、置换等。三明市政府充分发挥绿色优势，积极发展生态＋产业，推动生态产品价值实现，使青山绿水成为一块宝。一是发展林下经济，种植林下作物，如高价值的金线莲、红菇等。二是推动林权改革、推行林业金融使林农获益、国家得绿，截至“2019年6月底，三明林业贷款总量已达到121亿元人民币以上，占全省57%，全国10%”[2]，老百姓不砍树也能致富。三是发展森林康养、生态休闲产业，将生态优势转化为经济效益。“2019年底，三明市游客接待量和

---

[1] 刘磊，刘毅，颜珂，等. 风展红旗如画——全面贯彻新发展理念的三明探索与实践（上）[N]. 人民日报，2020-12-16（4）.

[2] “中国绿都”福建三明：林深水美人长寿 [EB/OL].（2019-09-19）[2021-03-02]. https://news.sina.com.cn/o/2019-09-19/doc-iicezueu6944712.shtml.

旅游总收入分别增长 17%、25%”[1]，三明市政府不断地推动体制机制创新将生态优势转化为经济优势。2021 年 3 月，习近平总书记在福建考察时指出，“三明集体林权制度改革探索很有意义，要坚持正确改革方向，尊重群众首创精神，积极稳妥推进集体林权制度创新，探索完善生态产品价值实现机制，力争实现新的突破”[2]。

长汀荒山变成果林。在“进则全胜，不进则退”的指导下，长汀县先后制定《关于掀起新一轮水土流失综合治理高潮推进生态县建设实施方案的通知》等 10 多个文件指导水土治理工作。在治理水土过程中，长汀县将生态治理工作与生态家园建设结合起来，发展生态经济，如创建生态休闲的汀江湿地公园，在保护好汀州古城的基础上建设生态宜居城市，进行生态种植发展现代农业示范区，在保护环境前提下发展好稀土工业等。今天长汀已经摘掉“穷帽子”，成为生态文明建设示范县，是绿水青山就是金山银山的实践创新基地，其根本的原因在于遵循自然规律，按照经济发展和环境保护的一般规律，在建设生态家园过程中实现“两山”转化。武平县捷文村也通过发展林下经济走上了致富路。

莆田木兰溪从水患之河变成幸福之河。历任莆田市委市政府干部在习近平生态文明思想的指导下，统筹经济、社会、环境三要素依水建城，以水定业。莆田木兰溪周边农业不仅实现了旱涝保收，而且蔬菜水果收益提高了好几倍；开发区也实现了从无人问津到零地招商，其中华林开发区 2021 年工业产值达到 200 多亿元。[3] 在新的发展理念指导下木兰溪人民将生态治理与绿色发展统一在一起，将灾难之河变为发展之河，在坚守生态优先中走上生态、生活、生

---

[1] 三明市人民政府网站．三明市人民政府 2020 年工作报告［EB/OL］．（2020－01－10）［2021－03－02］．http：//www. sm. gov. cn/zw/zwgk/gzbg/zfgzbg/202001/t20200110_1464311. htm.

[2] 央视网．习近平：在服务和融入新发展格局上展现更大作为 奋力谱写全面建设社会主义现代化国家福建篇章［EB/OL］．（2021－03－25）［2021－03－26］．http：//m. cyol. com/gb/articles/2021－03/25/content_AW8z0czLM. html.

[3] 莆田网．展翅腾飞势如虹——看华林经济开发区一方热土再绘发展新卷［EB/OL］．（2022－09－29）［2022－12－31］．http：//zgt. china. com. cn/v2/content/2022－09/29/content_19517. html？lang＝zh.

产协调的发展之路，2021 年莆田生产总值近 2900 亿元。[1] 木兰溪两岸也成为人们安居乐业之所，一条溪彻底改变一座城的生活、生产面貌，有力助推“灾难河”到“幸福河”的全面转型。

福建省政府还持续推动生态农业、休闲农业和生态工业发展，农业通过开展“三品一标”即无公害农产品、绿色食品、有机食品认证引领农业品牌化，形成生态农业品牌，如超大现代农业集团；南平武夷山还发展“茶”“旅”产业，将茶山之美与景点之美融为一体，将生态之美转化为当地百姓的生活之美；为推动生态工业的发展，福建省建立环境质量体系认证，审核评估工业清洁生产，将节能环保的战略性新兴产业列入重点调整产业，不断形成绿色、低碳、循环的工业体系，2022 年单位 GDP 能耗下降 10.3%[2]，2022 年全省高技术产业增加值同比增长 17.1%。[3] 福建省人民政府还努力推动数字经济发展，2022 年 7 月 21 日福建省数据要素与数字生态大会在福州市举办。

三、在体制机制创新中建设全国生态文明试验区

2014 年，福建省成为国家生态文明先行示范区，生态省战略上升为国家战略；2016 年，福建省成为全国首个国家生态文明试验区，承担着在生态文明建设中进行体制机制创新的重任。2016 年 6 月 27 日，习近平在中央全面深化改革领导小组（2018 年改为中央全面深化改革委员会）第 25 次会议上要求“福建等试验区要突出改革创新，聚焦重点难点问题，在体制机制创新上下功

---

[1] 莆田市统计局. 2021 年莆田 GDP 运行简析 [EB/OL]. (2022 - 01 - 07) [2022 - 12 - 30]. https://www.putian.gov.cn/zwgk/tjxx/tjfx/202202/t20220208_1704119.htm.

[2] 赵龙. 2023 年福建省人民政府工作报告 [EB/OL]. (2023 - 01 - 20) [2023 - 05 - 01]. http://www.fujian.gov.cn/szf/gzbg/zfgzbg/202301/t202301205_6097625.htm.

[3] 福建省统计局. 2022 年福建省国民经济和社会发展统计公报 [EB/OL]. (2023 - 03 - 13) [2023 - 06 - 01]. https://xxzx.fujian.gov.cn/jjxx/tjxx/202303/t20230313_6130081.htm?eqid=c47bfa8f0006a72600000004643020b3.

夫，为其他地区探索改革的路子”[1]。福建省聚焦重点难点问题加强制度建设，创新体制机制将生态优势转化为经济优势，使“制度创新在福建生态文明建设中充当着‘发动机’和‘加速器’的作用”[2]。2020 年《国家生态文明试验区（福建）实施方案》26 项重点任务全面完成，按期取得 38 项重大改革成果，39 项改革举措和经验做法向全国复制推广，代表性经验举措如下：一是推广龙岩武平林权改革经验，2003 年 4 月福建省委根据武平林改经验和习近平的思路，制定全国第一个省级林改文件《关于推进集体林权制度改革的意见》。现如今，龙岩、三明、南平围绕林业经营、林权流转、林业金融进行体制机制改革，通过赎买、置换、抵押方式保护生态林，三明沙县还成立农村产权交易中心推进林权交易，不仅解决森林保护和经济发展的矛盾，而且使林农增收致富。二是 2014 年福建省取消对 34 个县市的地区生产总值考核，开始将林业“双增”纳入地方领导年度考核指标，建立森林资源保护问责机制，还率先开征森林资源补偿费，推行林长制。三是出台《福建省河长制规定》，在福建普遍实行河长制进行水治理，个别地市区还实行双河长制。四是落实生态补偿制度，印发《福建省重点流域生态补偿办法》，根据流域治理的整体性，不仅实现省内全流域生态补偿，而且实现跨省补偿，如流经江西、福建和广东的汀江。这些补偿措施虽然目前仍多以政府为主体进行交易补偿，但客观上保护了流域的水质，生态补偿的领域也从河流到海洋、从海洋到水土保持等。五是加强相关制度规范建设，推动生态治理工作。2017 年出台《福建省臭氧污染防治工作方案》，2018 年出台《福建省打赢蓝天保卫战三年行动计划实施方案》等，2019 年出台《福建省受污染耕地安全利用工作方案》《福建省地下水污染防治实施方案》等。六是利用市场的力量，进行碳排放交易、排污权交易。2014 年福建省政府颁布《关于推进排污权有偿使用和交易工作的意见

---

[1] 转引自刘萍，黄世宏，蔡希娜. 生态之路——前进中的全国首个国家生态文明试验区福建［M］. 北京：红旗出版社，2017：19.

[2] 黄茂兴，叶琪. 生态文明制度创新与美丽中国的福建实践［J］. 福建师范大学学报（哲学社会科学版），2020（3）：27.

(试行)》，2021 年 3 月 16 日，全国首单价值 2000 万元的“碳汇贷”在南平顺昌县落地。[1] 七是编制自然资源资产负债表，2016 年颁布《福建省编制自然资源资产负债表试点实施方案》，推动地方政府坚持不懈“养颜”，核算自然资源价值，使其在涵养水源、固碳释氧、气候调节等方面带来的生态价值得以凸显。与此同时，启动党政干部离任生态审计，改变地方干部“唯 GDP”的政绩观。八是继续探索生态产业的发展，推动生态产品价值实现，使高颜值的自然带来高质量的发展。全省各地都在实践中探索体制机制创新，推动“两山”转换，南平设立森林生态银行、武夷山发展生态茶园将资源变资产变资本，将绿水青山转化为金山银山。2021 年习近平总书记来福建考察时专程到武夷山星村镇燕子窠察看生态茶园，强调“要统筹做好茶文化、茶产业、茶科技这篇大文章，坚持绿色发展方向，强化品牌意识，优化营销流通环境，打牢乡村振兴的产业基础”[2]。三明率先在全国实行林票和林业碳汇等体制机制改革，推动生态优势不断转化为经济优势。三明将乐常口村村民也遵循习近平总书记的嘱托守护好绿水青山，常口村森林覆盖面积率已达到 92%，常口村民还不断开拓思路，做好山水田文章，将绿水青山变成金山银山，如发展水上运动、森林康养、农耕体验等休闲产业使村民脱贫致富，并走上林业碳汇生态惠民的发展道路，2021 年常口村村民人均纯收入达到 2.9 万元，比 1997 年增长 12 倍，村集体收入 145 万元，比 1997 年增长 48 倍[3]，常口村“两山”路径的生动实践入选生态环境部 2022 年绿色低碳典型案例。福建的探索实践既验证了“自然界是检验辩证法的试金石”[4]，也再次印证了总书记所讲：人不负青山，青山定不负人。

---

[1] 赵锦飞，王永珍，蒋丰蔓. 全国首单！2000 万元“碳汇贷”落地［EB/OL］.（2021－03－17）［2021－05－07］. https：//www. fujian. gov. cn/zwgk/ztzl/gjcjgxgg/dt/202103/t20210317_5550746. htm.

[2] 新华网. 习近平在福建考察时强调 在服务和融入新发展格局上展现更大作为 奋力谱写全面建设社会主义现代化国家福建篇章［EB/OL］.（2021－03－25）［2021－04－18］. http：//politics. people. com. cn/n1/2021/0325/c1024－32060789. html.

[3] 方炜杭. 常口村：青山“打包”进钱包［N］. 福建日报，2022－10－22（3）.

[4] 马克思，恩格斯. 马克思恩格斯文集（第三卷）［M］. 北京：人民出版社，2009：541.

“理论在一个国家实现的程度，总是取决于理论满足这个国家的需要的程度”❶，习近平生态文明思想在福建的探索实践既符合自然的辩证规律，又符合时代发展需要。福建人民按照他的决策部署，遵循他的思想指引，接续建设美丽福建，厦门、福州、宁德、三明、长汀都曾是他指导工作过的地方，如今福建干部一任接着一任干，各地的生态环境、生态产业、百姓生活都发生了很大变化，2020 年，全省生产总值跃上 4.3 万亿元新台阶❷，实现了高颜值和高素质有机统一。福建也已经成为省域范围内成功践行习近平生态文明思想的例证。马克思说：“哲学家只是用不同的方式解释世界，而问题在于改变世界。”❸ 习近平生态文明思想的实践效应已然呈现，福建人民守着青山绿水过上了好生活。

第三节　福建生态省建设的经验启示

生态福建的建设是福建省党员干部坚持从环境保护和经济发展现实矛盾问题出发，围绕生态省做文章推进福建省经济社会发展，坚持马克思主义理论指导与实践并重，战略前瞻性地认识福建省环境问题，在主客观辩证法结合中形成了新的生态理念，在党的环境政策指导下走出了生态省建设的福建版经验。

一、战略前瞻性地认识山海福建省的环境问题

发现问题并不等于解决问题，当经济发展和环境保护的时代之问以福建整

---

❶ 马克思，恩格斯. 马克思恩格斯文集（第一卷）[M]. 北京：人民出版社，2009：12.

❷ 福建省统计局. 福建统计年鉴（2021）[EB/OL].（2021－12－30）[2022－05－01]. http：//tjj.fujian.gov.cn/tongjinianjian/dz2021/index.htm.

❸ 马克思，恩格斯. 马克思恩格斯文集（第一卷）[M]. 北京：人民出版社，2009：506.

体的经济落后与自然资源如何开发利用的形式呈现时，需要战略思维高瞻远瞩、统揽全局把握好事物发展的总体趋势和方向，需要跳出环境看环境，跳出环境问题解决环境问题；需要从生态的系统整体性，从人与自然关系的整体性，从经济、社会和生态的统一中把握矛盾，采用战略思维来解决现实问题。福建省委省政府从福建经济发展和环境保护矛盾的历史、现实和未来出发，用系统战略的视野把握人与自然关系，在全局性和前瞻性中把握并解决现实问题。

第一，从时空的前瞻性中认识自然资源的价值。

矛盾会随着时间和形势的变化而变化，根据矛盾的变化进行战略预见，在工作中将现实问题的针对性和政策前瞻性结合起来就成为必要了，战略思维可使解决问题的思路超越时空的限制，认识到事物的发展是阶段性与连续性的统一。福建省委省政府一方面超越空间整合自然资源价值，提出山海协作推进生态省建设，建立山区和沿海自然资源交流交汇的平台，在山海协作中建设生态省，从空间整体维度认识自然价值，跳出局部从全局看局部，从整体全局中认识问题。另一方面超越时间认识自然资源价值。1999 年，习近平在三明调研时提出“现在看青山绿水没有价值，长远看这是无价之宝，将来的价值更是无法估量”[1]，福建省委省政府从时间的超越性认识自然的价值，跳出眼前看长远。

第二，从宏观整体协调经济、社会和生态三者矛盾。

当既有的发展方式和发展道路带来环境问题时，福建省委省政府紧扣福建经济发展和环境保护矛盾，提出建设生态省，指导编制《福建生态省建设总体规划纲要》，将生态省的建设融入福建省建设之中，将福建省经济、社会和生态建设融为一体，在各项建设中追求经济、社会和生态效益的统一。一是在环境治理领域，跳出局部治理进行治理。长汀水土的流失治理、莆田木兰溪的水患治理，都有独到见解和思考，其战略进路和战略目标非常明确。木兰溪水患频发，1999 年 10 月，强台风导致木兰溪洪水泛滥，时任福建省委副书记、代省长的习近平提出“是考虑彻底根治木兰溪水患的时候了”的决断，并在

---

[1] 刘磊，刘毅，颜珂，等. 风展红旗如画——全面贯彻新发展理念的三明探索与实践（上）[N]. 人民日报，2020－12－16（4）.

治理水土和水患中追求并实现经济、社会和生态的统一；在调研长汀水土治理时提出“不能为治理而治理，应该将长汀的技术治理、生态治理、社会治理，特别是与经济治理结合起来，进行综合治理”[1]，在治理之中建设生态家园。二是在发展方式领域，当资源依赖型的发展方式带来资源的枯竭，高污染、高耗能、高排放的生产方式带来生态环境恶化和资源浪费时，福建省委省政府提出建设生态省，从省域整体出发提出福建可持续发展道路。这些都是全局思维在发展观上的具体运用，是跳出自然资源的环境功能认识自然资源效能，从人—社会—自然生态整体系统出发认识社会发展。

第三，制定发展战略实现经济、社会和生态的统一。

福建省委省政府极其注重当地经济社会发展战略的整体规划，在推动福建省发展中协调好经济发展和环境保护两者关系，这充分体现在《福建生态省建设总体规划纲要》。2002 年《福建生态省建设总体规划纲要》（于 2004 年发文公布）规划了福建生态省建设未来 20 年的目标，提出要“经过 20 年的努力奋斗，使福建成为生态效益型经济发达、城乡人居环境优美舒适、自然资源永续利用、生态环境全面优化、人与自然和谐发展的可持续发展省份”[2] 的总体目标。在生态省启动之时习近平要求干部们“不仅要从生态环境保护的角度考虑问题，更要从全局战略的高度来看问题”[3]。这是习近平对福建未来发展的战略预见和战略部署，今天福建各地干部仍在努力将一张蓝图绘到底。

自 2004 年 11 月《福建生态省建设总体规划纲要》出台后，福建省委省政府在积极落实规划的基础上还出台系列规划进一步落实《福建生态省建设总体规划纲要》，如《关于加快生态文明建设的决定》《福建生态省建设“十二五”规划》《福建省“十三五”生态省建设专项规划》《福建省“十四五”生态省建设专项规划》等。福建省背山面海、山多海阔、山海交映，林业资源、

---

[1] 中央党校采访实录编辑室．习近平在福建（下）［M］．北京：中共中央党校出版社，2021：204.

[2] 转引自福建省将乐县人民政府网站．中共福建省委、福建省人民政府关于印发《福建生态省建设总体规划纲要》的通知［EB/OL］．（2011 - 03 - 13）［2020 - 05 - 01］．http：//www. jiangle. gov. cn/ztzl/stxcj/ghfa/201405/t20140513_617867. htm.

[3] 中央党校采访实录编辑室．习近平在福建（下）［M］．北京：中共中央党校出版社，2021：43.

海洋资源、水资源都较为丰富，福建人民统筹这些资源进行生产和生活，这些规划进一步协调经济发展和环境保护矛盾，推动山海交融。福建省政府“十四五”规划进一步提出生态环境更优美的建设目标，提出“优化提升国土空间布局，推进区域协调发展和新型城镇化”“健全现代化基础设施体系，夯实高质量发展支撑”“持续实施生态省战略，创建美丽中国福建典范”的重点建设任务。这些战略谋划准确、科学认识经济发展和环境保护关系，正确认识了福建山海资源，推动经济、社会和生态的统一。

二、主客观辩证结合提出“青山绿水是无价之宝”等理念

福建省地处祖国的东南部，面海靠山，曾依靠海洋贸易获得一定的发展。新中国成立后，经济发展一度受限于山海相对滞后。如何基于福建省具体的自然条件，科学指导福建省经济社会发展，科学推动人与自然的物质交换就成为时代的需要。福建省遵循客观的自然辩证法，主动思考发挥福建的山海优势，提出“青山绿水是无价之宝”等生态理念。

自然是整个生态系统的承载基础，人的生存、生产依赖自然，工业革命使人类开发自然的速度超越自然新陈代谢速度，环境问题随之凸显。人类对自然的索取要取之有度、用之有节，恩格斯发掘出自然的辩证规律，即质量相互转化、对立相互统一、否定之否定规律，提出“这些对立通过自身的不断的斗争和最终的相互转化或向更高形式的转化，来制约自然界的生活”[1]。人与自然的辩证统一关系反映事物内在本质的规律、规定着事物性质及其发展方向。福建省自然资源丰富，但受限于各种条件，经济发展在沿海省份中处于相对落后的位置。除了自然条件带来的长汀水土流失、莆田木兰溪水患，还有在工业化、城市化过程中带来的环境污染问题。福建省委省政府在科学的历史唯物主义理论基础上，因地制宜、因时而进，以马克思主义原理为指导研究特定时间

[1] 恩格斯. 自然辩证法［M］. 北京：人民出版社，2018：82.

段和特定地域的生态环境与经济发展之间的矛盾，遵循经济发展规律和生态规律，抓住关键问题，独创性地思考提出新的生态理念，提出“青山绿水是无价之宝”，既服务于现实问题的解决，也为全局性的谋划提供了方向。

在环境危机凸显，经济发展遭遇困境时候，协同解决二者矛盾推进经济发展、保护自然环境这是一个现实的难题。福建省委省政府立足于福建省各地既有的物质资料生产方式条件，在历史与现实之间解决社会发展出现的新老问题。福建省委省政府守护好青山绿水时推动当地经济社会发展，锲而不舍地治理好龙岩长汀水土治理，使得荒山变成果园；秉持“变害为利、造福人民”理念，使木兰溪从水患转向水安全。福建省委省政府还遵循主客观辩证逻辑和自然辩证逻辑的统一，遵循客观社会发展规律、自然生态规律提出建设生态省的战略，制定《福建生态省建设总体规划纲要》，提出“加快生态省建设步伐，通过大力发展生态效益型经济促进‘三条战略通道’尽快形成。良好的生态环境是一笔巨大的财富，生态优势不仅可以转化为经济的优势，还可以产生巨大的社会效益”❶。这是习近平生态思维、生态理念与实践的重大结合，协同山海资源推动福建绿色发展的重要战略安排，是习近平生态文明思想在福建工作期间探索实践相对成熟的标志。

福建省历任干部按照生态省建设理念，守好高颜值自然，促进高质量发展，建设美丽中国示范省。福建干部以“青山绿水是无价之宝”理念为指引，以《福建生态省建设总体规划纲要》为指导，推动福建省物质生产方式转型，推动福建省经济发展方式转变；在城市化、工业化、市场化建设过程中福建省以生态为底线，拓展新型工业化道路，调整优化产业结构，构建绿色低碳产业体系，着力培育新材料、电子信息、节能环保等新兴产业，形成节能电光源、环保装备、太阳能光伏等高新技术产业集群，战略性新兴产业和高新技术产业也是重要建设领域。2022 年，福建获批全国首个新能源产业创新示范区，240 个项目入选国家级绿色制造体系。厦门钨业二次资源综合回收利用是福建省首

---

❶ 习近平. 加快建设三条战略通道推动福建经济实现新跨越［N］. 福建日报，2002 - 09 - 02（1）.

个国家级循环经济标准化试点，实现从先污染、后治理走向环保节约到可持续发展之路。福建省还将全省陆域国土面积的26.08%划定为保护区域❶，优化绿色布局，限制高污染、高排放的项目，取消南平、龙岩、三明、宁德4个山区市，34个县（市、区）的GDP考核，不断进行体制机制创新实现绿色价值，使得自然系统—经济系统—社会系统在绿色发展中协同共生。“2021年，福建省以约占全国2.9%的能耗，2.4%的化学需氧量，1.5%的二氧化硫排放量，创造了约占全国4.3%的经济总量”❷。

今天福建省干部还将时任福建省省长习近平提出的数字福建与生态福建融为一体，加快建设数字生态文明，将数字技术融入生态文明建设各个方面。如莆田木兰溪的数智治水，汀江和梅江小流域环境精细化溯源检测网络建设；宁德的5G智慧海洋赋能数字环保，率先在全国建立首个5G海域精品示范网，数字化、智能化治理海洋；南平全域小流域水质也进行智慧管理，2021年启动建设水环境智慧监测监管平台，监测、改善水质量，建立精细化管理模式，保护闽江上游源头活水；厦门市率先在全国建成生态环境分区管控应用系统，数字化建立生态环境分区管控格局，推动全市产业布局调整，早在2014年厦门市就启动空间规划改革试点，将生态环境管控要素全部纳入多规合一，2021年出台《厦门市产业空间布局指引》，将智能环评适用对接厦门市重点产业审核和落地，使大数据赋能分区管控助力绿色发展，推动厦门高质量发展。

三、在党的环境政策指导下走生态省建设之路

福建省委省政府在国家环境保护和经济社会发展政策的指导下，思考并处理好福建全域的经济发展和环境保护问题，给出了建设生态省的答案。昔日的

---

❶ 方金春，潘园园，陈旻．让绿水青山永远成为福建的优势和骄傲［EB/OL］．(2021－03－22)［2022－06－03］．https：//www.fujian.gov.cn/xwdt/fjyw/202103/t20210322_5553278.htm

❷ 许碧瑞．建设人与自然和谐共生美丽福建　让绿水青山永远成为福建的骄傲［N］．福建日报，2023－02－21（9）．

福建，由于生产技术的落后，粗放式的发展方式、要素投入的发展占主导，环境问题成为制约物质生产的“瓶颈”，“五小”企业等落后产能、生活的贫困、生态的破坏同时并存。福建省百姓渴望过上好生活，福建省迫切需要发展，但必须创新发展方式解决环境问题。

马克思指出“一切划时代的体系的真正的内容都是由于产生这些体系的那个时期的需要而形成起来的”[1]。在中国现代化进程中历时性的问题多在共时性中进行解决，环境难题也不例外。虽然党中央较早意识到并提出摆脱先发展、后治理的发展老路，为解决经济发展和环境保护两者矛盾提供了重要的指导，但此问题的解决是一个漫长的历史过程。福建省自然资源丰富，虽然耕地缺乏，但山与海是其重要资源，如何科学治理工业化、城镇化带来的历史性环境问题，如何走出既有的砍伐出售木料和捕捞出售鱼货谋生的发展之路，如何借助福建自然资源推进经济发展是福建省干部面对的难题。这需要地方政府干部具备高水平的马克思主义理论素养，自觉主动探索发展方式。地方干部在面对福建旧的环境欠账和新的环境问题、发展和保护双重任务叠加时，充分发挥在时间和空间上对经济发展和环境保护具体情况的把握，根据福建省情况积累处理经济发展和环境难题的地方经验。这种经验主要表现在以发展为目标，在绿色发展中解决两者矛盾，科学调整人与自然关系。

经济具有负外部性，其必然和生态环境互相影响、互相作用，传统的经济模式也多以牺牲环境为代价来提升经济效益。福建省委省政府在面对环境难题和发展难题时，以高度的理论自觉和实践自觉，以马克思人与自然关系思想、党的环境保护政策为指导进行探索，遵循马克思主义生产理论逻辑探寻发展之路，结合各地的具体物质生产条件不断探索绿色发展之路，推动自然要素与生产要素的融合，做到因地制宜，因时施策，提出各个地方建设重点。首先，尊重自然、坚持自然优先性，肯定自然资源是经济发展的前提，提出建设不能以

[1] 马克思，恩格斯．马克思恩格斯全集（第三卷）［M］．北京：人民出版社，1960：544.

环境为代价，肯定生态优势对经济发展的基础作用。其次，提出要发挥自然资源优势促进经济发展，倡导各地立足自然资源发展绿色产业，使得生态优势转化为经济发展优势，从理论和政策层面不断推动产业生态化和生态产业化。传统经济增长是以自然换取增长，福建工业化、城镇化也带来日益严重的环境污染问题，福建省委省政府倡导利用科学思维、科学技术、科学方法治理水土、开发自然资源，在党的环境政策指导下发挥自然生态优势整合生产要素探寻福建的发展之路，因时施策提出建设生态省，调整福建经济结构、系统综合治理自然环境、推进林权体制改革、推动海洋经济发展等因地制宜探索绿色发展新路，不断优化环境推动经济增长，不断探索生态优势转化为经济优势的途径，使生态系统和经济系统从对立走向统一，使人与自然从对立走向统一。习近平提出“福建作出建设生态省的战略决策，就是要充分发挥自身的生态优势，在恢复和保持良好的生态环境、合理利用自然资源的前提下，建立科学合理的循环经济体系，促进全省社会、经济和生态环境协调发展”[1]。最后，以生态保护为底线推动经济发展，追求社会、经济、生态的综合效益，不以环境换取增长，如调整福建经济结构、治理自然环境、降低能耗、低碳生产、促进资源循环、追求生态环境安全等。为此一方面立足技术、政策等转变，推进产业绿色化，推动农业、林业、工业绿色化发展，并基于福建省各地的自然资源基础提出不同的发展方式转化矛盾，具体包括发展特色经济、发展旅游经济、淘汰落后产能、落实治理制度等，涵盖城市建设、工业发展、农业发展、旅游产业发展等方面。另一方面在发展绿色产业中治理水土，如治理长汀水土时，就在绿色农业基础上发展生态效益型经济，从而走上富民之路；莆田木兰溪就在变害为利中发展绿色产业，使水患之河变身为莆田发展之河，走生态产业化和产业生态化的道路，使自然的人化和人化自然在生产实践中获得统一，显然这些都为破解经济发展和环境保护悖论提供了实践基础。

2002 年 7 月，时任福建省省长的习近平在全省环保大会上的讲话中指出

---

[1] 潘绣文．习近平：福建不以环境污染为代价搞经济建设［EB/OL］．（2002－06－06）［2021－12－10］．https：//www.chinanews.com.cn/2002－06－06/26/192264.html.

“建设生态省，是适应国际‘环境与发展’趋势的重要举措”“建设生态省，是我省现代化建设的战略抉择”❶。福建省委省政府在环境治理、产业发展、城市建设、民生消费各个领域，致力于转变经济增长方式、调整经济结构，全方位解决了传统工业化、城镇化、市场化带来的显著环境难题，推动人与自然协调发展，在发展中保护环境，在保护环境中促进发展，逐渐摆脱“先污染、后治理”的发展道路，开拓出了新的发展道路。显然，生态省的提出和推动是福建省生态文明建设的重要举措，也是福建省生态文明建设的重要经验。在生态省建设过程中环境保护和经济发展的矛盾逐渐消解，生态环境也从经济发展的负外部性产物到成为福建省经济社会可持续发展的重要动力，从经济社会发展的羁绊到成为经济社会发展的助力器。

虽然整体性中包含着特殊性，但在具体的实践过程中结合各地特殊性将两者相融相通需要智慧。习近平生态文明思想在福建的探索实践源于国家环境保护政策和可持续发展战略的推动，也源于习近平结合福建客观特殊环境难题的探索。福建省继续从福建“山海资源”出发，从林业、海洋、水土等要素方面推进生态文明建设，积累了水土流失治理的长汀经验、莆田木兰溪的治理经验，“生态云”平台环境监管经验、生态系统价值核算经验、绿色金融经验、三明林改经验。作为全国生态文明试验区，福建省还立足福建自然—经济—社会系统对国土空间科学开发，2022 年制定《福建省国土空间规划（2021—2035)》，并确立生态保护红线面积不低于 4.34 万平方千米❷，完善生态产品市场，改革环境治理体系，为此确立国土空间开发保护制度、建立健全自然资源资产产权制度、创新生态产品价值实现机制、建立多元生态保护补偿机制、健全环境治理体系，使绿色发展成为评价地方干部政绩和地方政府效能的重要指标。

---

❶ 习近平. 全面推进生态省建设，争创协调发展新优势——在全省环保大会上的讲话［C］//吴城. 新世纪福建环保. 福州：海潮摄影艺术出版社，2003：5.

❷ 自然资源部. 国务院批复：福建省生态保护红线面积不低于 4.34 万平方千米［EB/OL］.（2023－11－29）［2023－11－30］. http：//www. eco. gov. cn/index. php/news_info/67589. html.

小结

在福建工作的十七年半时间，习近平从科学的历史唯物主义理论出发，因地制宜、因时而进；遵循经济发展规律和生态规律，抓住关键问题，以马克思主义原理为指导研究特定时间段和特定地域的生态环境与经济发展之间的矛盾，其独创性的思考既服务于现实问题的解决，也为全局性的谋划提供了方向。福建省历任干部以习近平的生态省建设理念为思想指引和行动遵循，按照习近平擘画的“机制活、产业优、百姓富、生态美”的蓝图接续建设，把福建建成生态省样本。这些硕果的取得是福建省历任干部基于马克思主义立场、观点、方法对时代之问的思考始终围绕自然做文章，是战略前瞻性认识福建各地现实环境问题，在主客观辩证法结合中科学提出新的生态理念，在党的环境政策指导下走出不同的绿色发展之路，为摆脱“先发展、后治理”的道路，在实行生态立省战略中提供了生态省建设样本经验。

第六章

福建生态文明建设的重大示范意义

福建生态文明建设因其独特的思想资源在推进生态文明建设时有着独特的优势，福建省干部一任接着一任推进当地生态文明建设，解决新旧环境难题，按照“机制活、产业优、百姓富、生态美”要求建设新福建，实践成效显著，具有重大的理论示范意义，呈现了鲜明的马克思主义理论特色，即人民性、辩证性、实践性、发展性。福建省历任干部坚持从人民立场出发推进生态文明建设，坚持协同推进经济发展和环境保护，在以生态环境问题为导向多维度展开的实践中逐渐深化对生态的认识，在先行先试的实践中使福建省生态文明建设成为美丽中国的省域样本。

第一节 坚持人民性：福建生态文明建设的根本立场

人民性是马克思主义最鲜明的品格，人民至上是马克思主义根本的政治立场，福建生态文明建设有着鲜明的人民性特点。福建生态文明建设自始至终都立足于对人民根本利益和长远利益的考量，充满着对人民利益的关切，依靠人民的力量并从人民中汲取生态智慧，绿色发展成果由人民共享。在福建工作期间，习近平一直在思考政府怎样为人民服务，多次强调人民是工作的出发点，政府是人民的政府。福建干部在推进生态文明建设中保持着不褪色的人民性，坚持生态利民、生态惠民、生态为民。

一、以人民利益为出发点追求经济、社会、生态综合效益的发展

习近平总书记指出："坚持人民性，就是要把实现好、维护好、发展好最广大人民根本利益作为出发点和落脚点，坚持以民为本，以人为本。"❶环境问题的整体性和系统性虽然决定其公共物品属性，但却属于地方干部易忽视的"隐性"公共利益，而注重地方政府自身的显性政绩利益，如为吸引投资、增加就业机会或税收等而放松环境监管标准的行为就容易产生。但从人民的需求和利益出发是福建省各级政府对经济发展和环境保护矛盾进行深层次理论思考和实践问题解决的现实起点，福建省各级政府在处理经济发展和环境保护矛盾时始终从人民根本利益、长远利益出发，不搞短期行为，不从个人私心出发，做到以生态保护为底线推动经济发展，追求经济、社会、生态综合效益的发展。

马克思说："人们奋斗所争取的一切，都同他们的利益有关。"❷ 20 世纪 80 年代中期，全球环境问题再次集中式爆发，如温室效应的增强、臭氧层的破坏、核电站的泄漏事故等。但彼时中国还没有解决温饱问题，当既有的生产方式和发展道路带来了环境问题，危及人民生存之本时，作为政府、作为地方干部，如何选择就成为难题。在福建工作期间，习近平不追求以污染为代价的经济增速，在人民对生态危害尚不自知时就拒绝污染，致力于保护环境，并以此为底线推动经济发展，追求经济、社会、生态综合效益的发展。在《加快建设"三条战略通道"推动福建经济实现新跨越》文中时任福建省省长的习近平同志还强调发展经济要保护好生态环境，认为福建在继续加快经济发展的同时，要努力保护和建设好生态环境，提高人民生活水平，率先基本实现现代化是历史赋予的使命。2002 年在全省环保大会上时任福建省省长的习近平提

❶ 习近平. 习近平著作选读（第一卷）[M]. 北京：人民出版社，2023：148.
❷ 马克思，恩格斯. 马克思恩格斯全集（第一卷）[M]. 北京：人民出版社，1956：82.

出要“努力开创‘生产发展、生活富裕、生态良好的文明发展道路’，最终实现我省现代化建设的战略目标”[1]。

福建省各级政府在推动经济发展时自始至终都坚守环境保护的底线，这也成为福建省干部推进经济发展时坚守的底线。当经济建设与环境保护存在矛盾时，福建省委省政府追求经济、社会和生态综合效益的发展，使百姓经济利益和生态利益都得以实现。常态之下人们在处理经济发展和环境保护关系时通常要做出要经济发展还是要环境保护的选择，但二者都是人们生活所需。福建省各级政府在制定各地经济社会发展规划，在推动农业、林业、工业发展时都以经济效益和生态效益作为追求的目标。厦门市委市政府注重环境保护，不追求破坏式的发展。宁德地委、宁德政府立足于宁德的物质生产条件，发展大农业，注重适度规模经营，注重生态效益、经济效益和社会效益的统一，把农业作为一个系统工程来抓，发挥总体效益，用新农业效益观替代单体经济效益观；并倡导当地林农植树造林护林，积极发挥林业的经济、社会、生态综合效益，使林业成为当地百姓的水库、钱库、粮库。福州市委市政府坚持效益和速度同步增长，保证经济良性循环，发展速度能快则快，不追求无效益的速度。福州市委市政府一方面基于福州各地自然资源条件因地制宜制定不同的发展策略，另一方面不断调整福州市经济结构。福州市委市政府在推动经济项目发展时，还要求企业达到环保标准，不能对工人健康造成危害。为了推动福建省经济社会发展，福建省委省政府制定生态省建设战略，发展生态效益型经济，使福建省的生态、经济和社会协调发展，也使人与自然和谐共生。经济社会迫切需要发展的福建在发展经济时既要经济也要环境，追求经济、社会、生态三者综合效益，这是福建生态文明建设始终都坚持的原则和目标，体现在生态环境的治理、生态产品的生产、生态建设的制度等各个方面。

---

[1] 习近平. 全面推进生态省建设，争创协调发展新优势——在全省环保大会上的讲话［C］//吴城. 新世纪福建环保. 福州：海潮摄影艺术出版社，2003：5.

二、从人民中汲取智慧探索实践福建的生态文明建设

人民群众是历史发展的动力，福建省各地政府注重从人民中汲取智慧对生态文明建设进行探索实践。习近平总书记指出“人民既是历史的创造者，也是历史的见证者，既是历史的‘剧中人’，也是历史的‘剧作者’”[1]。在福建工作期间，习近平总是采用调研的工作方法，摸清“家底”，了解各地实际情况，如当他摸清宁德家底后就提出：“根本改变贫困、落后面貌，需要广大人民群众发扬‘滴水穿石’般的韧劲和默默奉献的艰苦创业精神，进行长期不懈的努力，才能实现。”[2] 习近平看《福宁府志》时获悉“官井洋半年粮”，从而推动当地大黄鱼的人工养殖及其产业的发展；在调研屏南时，获悉鲤鱼溪有故事，推动当地旅游产业发展；肯定周宁县黄振芳家庭林场为林业发展提供了思路；肯定农民开创的‘荒山绿色工程’是一条好经验，推动立体种植业发展。

福建省各地政府也善于从群众中、从专家学者身上获取智慧推动生态文明建设。为编制好《1985 年—2000 年厦门经济社会发展战略》，厦门市委市政府邀请 100 多位专家调研论证，多个单位参与专题撰写。为更好地开发海洋资源，福州市委市政府组织相关部门、专家学者、科研人员对海洋资源开发进行调研和研发，为科学获取海洋资源进行论证。为制定《福州市 20 年经济社会发展战略设想》，福州市委市政府既开展万人问卷、千人调研活动，还邀请各领域 100 多位专家学者参与专题认证。为解决木兰溪水患治理技术难题，延请时任南京水利科学院、中国工程院院士窦国仁解决木兰溪防洪工程的技术问题。《福建生态省建设总体规划纲要》也是在有史以来最大规模的生态保护调查基础上，在专家学者的多次论证、修改中完稿。专家学者为福建发展政策制定、环境政策制定、环境治理难题解决等方面都贡献了自身的智慧。福建省委

---

[1] 习近平．习近平谈治国理政（第二卷）［M］．北京：外文出版社，2020：17.

[2] 习近平．摆脱贫困［M］．福州：福建人民出版社，1992：13.

省政府还尊重人民首创精神，推动福建省林权改革，这被“誉为‘我国农村第三次土地革命’，超过27亿亩的山林承包到户，为5亿农民带来了福祉”[1]。

三、立足人民立场回答生态建设为了谁和依靠谁

人民立场是中国共产党的根本政治立场，也是福建生态文明建设的根本价值遵循，回答了生态建设为了谁和依靠谁的问题。毛泽东指出：“为什么人的问题，是一个根本的问题，原则的问题”[2]，为工人阶级和广大人民群众谋利益是工人阶级政党的出发点。当环境问题凸显，人民面临着要发展还是要环保的“两难”选择，福建省各级政府基于人民根本利益和长远利益考量选择既要发展也要环保。

当人们生态需求尚处于用之不觉时，福建省各级政府就从良好生态环境是民生福祉出发主动自觉开展实践探索，在大家仅追求经济增长时，就意识到加快经济发展不仅要为人民群众提供日益丰富的物质产品，而且要全面提高人民生活质量。2000年5月10日，时任福建省省长的习近平，在福建省“一控双达标”暨闽江、九龙江重点污染企业整治大会上指出“那些肆意破坏我们赖以生存环境的人，无异于‘谋财害命’。几千万人都在喝这个水，你为了一点利益，为了一点税收，造成人们生命、健康的损失，这是绝对不能允许的”[3]。长汀水土流失是当地老大难问题，严重影响人民生活，福建省将长汀水土治理列入为民办实事的重要项目，《福建生态省建设总体规划纲要》也提出社会公众要成为环境保护与生态建设的拥护者和实践者。这些回答了生态建设为了谁和依靠谁的问题。

环境质量是生活质量的重要组成部分，为此福建省各级政府关注环境治

---

[1] 中央党校采访实录编辑室. 习近平在福建（上）[M]. 北京：中共中央党校出版社，2021：95.

[2] 毛泽东. 毛泽东选集（第3卷）[M]. 北京：人民出版社，1991：857.

[3] 央视网. 从习近平福建五件“生态往事”探寻绿色发展密码 [EB/OL].（2021-03-23）[2021-04-01]. https://news.cctv.com/2021/03/23/ARTIpwFbuuVXJvWe03IPKibA210323.shtml.

理、提升百姓生活质量，如治理厦门筼筜湖、治理福州内河、推动福建省林权改革、关注老百姓的餐桌安全、倡导发展绿色安全的生态农业、推动莆田木兰溪水患治理和长汀水土流失治理，帮助老百姓摆脱自然环境的威胁，使其有更好的生活环境。福建省历任干部坚持从人民利益出发接续建设生态文明，开辟生态惠民、生态利民、生态为民的新路径。首先，解决民众反映的突出生态环境问题，开展环境综合治理，建设美丽家园。良好的生态环境是最普惠的民生福祉，福建省政府在打好空气、水质、土壤三大治理战役基础上夯实发展底色，如持续治理长汀水土、莆田木兰溪；并致力于建设绿色城市、绿色乡村、绿色通道使生态惠民，如厦门的环岛路、福州的福道、三明的城市绿道、泉州的城市绿道等，为人民提供绿色共享的生活空间。其次，发展生态产业、促进百姓增收等，实现生态惠民、生态富民。福建省政府致力于发展生态产业引领高质量发展使生态利民，指导农民升级林农产业，推进林业从低端的竹、木产品转向医药产业、旅游产业等，如三明的竹产业、山茶籽油产业、紫杉烷类的制药产业；指导渔民建设智慧海洋，如宁德、连江等的海洋渔业发展；推进企业绿色转型，如三明钢铁走向绿色生产。最后，在推进生态文明建设过程中坚持生态为民，引领经济发展和环境保护从对立走向统一，不断推进体制机制创新，使生态成果惠民，为此发挥有为政府和有效市场的合力，积极拓宽思路使曾经的生态扶贫跃迁到生态富民的发展道路，如指导宁德地区依托地区优势落实好山海辩证法，做到兴林富民、兴海富民。

“全部人类历史的第一个前提无疑是有生命的个人的存在”[1]，人民群众有意识的实践活动推动了历史发展，人民群众是历史的真正主人。马克思说“我们越往前追溯历史，个人，从而也是进行生产的个人，就显得越不独立，从属于一个较大的整体”[2]，显然福建生态文明建设属于时代，源于人民，为了人民，有着鲜明的人民性。这一方面使福建省委省政府自觉地将环境与民生进行结合，另一方面也是经济发展和环境保护矛盾能协调好的重要前提条件。

---

[1] 马克思，恩格斯．马克思恩格斯文集（第一卷）[M]．北京：人民出版社，2009：519.

[2] 马克思，恩格斯．马克思恩格斯全集（第四十六卷上）[M]．北京：人民出版社，1979：21.

福建生态文明建设的推进既是社会现实环境和社会发展态势的需要，也是福建省干部从人民根本利益出发进行探索实践的硕果。

第二节　坚持辩证性：经济发展和环境保护的协同推进

恩格斯指出："每一个时代的理论思维，包括我们这个时代的理论思维，都是一种历史的产物，它在不同时代具有完全不同的形式，同时具有完全不同的内容。"[1] 经济发展与环境保护的矛盾是一个世界难题，在发展中的中国协调好两者更是难上加难。习近平生态文明思想在福建的探索实践主要解决的问题是破解"先发展、后治理"的发展模式，协调解决好经济发展和环境保护二者的矛盾。福建省委省政府科学认识二者辩证统一关系，以绿色生产为路径解决二者矛盾，以统筹兼顾方法协调二者矛盾。福建省历任干部在习近平生态文明思想的指导下坚守环境保护的底线，协同推进经济发展和环境保护。

一、科学认识经济发展和环境保护的辩证统一关系

经济发展和环境保护矛盾是人与自然关系失衡的表现，是经济系统、社会系统从自然系统获取资源的速度和数量超出自然承载力的表现。马克思认为自然也是生产力，自然一方面孕育万物，另一方面也是人类生产资料的来源，自然有其先在客观性。经济发展与环境保护两者矛盾的解决需要辩证认识经济社会系统与自然系统两者之间的系统性、整体性和协调性。福建省委省政府科学认识经济发展和环境保护关系，肯定自然资源是经济发展的前提，环境可以优化增长而不是换取增长，经济发展与环境保护可以双赢而不是两难，产业竞争

[1] 马克思，恩格斯. 马克思恩格斯选集（第三卷）[M]. 中共中央马克思恩格斯列宁斯大林著作编译局，译. 北京：人民出版社，2012：873.

力和环境竞争力可以一起提升。

第一，肯定自然资源是经济发展前提，环境可以优化增长。

人是自然的一部分，人类生产、生活都建立在自然基础之上。“就拿经济比较落后的地区来说，她的发展总要受历史条件、自然环境、地理因素等诸方面的制约”❶，宁德市政府在此基础上从宏观上执行靠山吃山唱山歌，靠海吃海念海经的发展思路；在微观上以合理的产业政策引导当地资源的开发，根据当地资源调整产业结构，因地制宜开展一县一品建设推动各县发挥好自身资源优势发展经济，推动各县市区经济走上可持续性的发展道路。福州作为福建省省会，经济发展一度较为落后，福州市委市政府根据山海福州的地理位置，提出海上福州的发展思路；还主张根据福州市人多地少，资源相对短缺的特点调整产业结构，着力发展耗能少、附加值高、创汇能力强的高科技产业。福建省山多海阔，为了推动福建省整体经济协调发展，从福建山海出发，发挥山海优势，优化区域经济结构。2002 年在全省产业结构调整工作会议上，时任福建省省长的习近平强调“良好的生态环境是实现经济和社会可持续发展的前提和保障。保护和建设好生态环境是现代化建设中必须坚持的一项基本方针，也是产业结构升级过程中必须坚持的一项基本方针。”❷ 显然，福建的历任干部始终将自然资源、地理优势作为经济发展的前提，这也为今天各地走出各具特色的山海经济奠定了基础。

第二，调整产业结构引领资源高效使用，实现经济和环境双赢。

产业结构和自然资源之间关系紧密，一方面自然资源决定产业发展，另一方面产业结构的调整也能引领资源高效使用，实现经济和环境双赢。福建省委省政府肯定资源是产业的基础，要求处理好资源开发和产业结构关系。闽东各县根据本地的资源和生产力状况调整产业结构；福州市也不断调整产业结构，处理好增量调整与存量调整的关系，在大力发展高新技术产业和现代服务业的

---

❶ 习近平．摆脱贫困［M］．福州：福建人民出版社，1992：58.

❷ 全省产业结构调整工作会议召开，习近平省长作重要讲话加快产业结构优化升级保持经济快速健康发展［J］．福建经济，2002（8）：5－6.

同时，依法关闭质量低劣、资源浪费、污染严重、安全生产条件差的企业，淘汰落后设备、落后技术、落后工艺，压缩部分行业过剩生产能力，使产业结构趋向合理，在充分发挥各县市潜能和优势中提高经济增长的质量和效益。福建省委省政府不断调整产业结构，推动生产力发展，高效利用自然资源，从而减少资源浪费和环境污染。时任福建省省长的习近平在接受记者采访时指出，要"结合产业调整升级，还要认真解决因产业结构不合理带来的环境污染和生态破坏问题，坚决杜绝'夕阳工业'"❶。显然通过调整产业结构来解决环境问题，在解决环境问题的同时推动产业结构调整是福建省调整经济发展和环境保护矛盾的重要方式。

这些探索实践为破解经济发展和环境保护悖论提供了理论基础和实践经验，为福建干部解决经济发展和环境保护的难题提供了具体的路径。

二、以绿色生产为路径解决经济发展和环境保护矛盾

1999 年 11 月，时任福建省委副书记、代省长的习近平调研长汀时指出"发展是硬道理，但是，污染环境就没有道理，破坏生态和浪费资源的'发展'就是歪道理"❷。经济发展和环境保护的矛盾主要体现在生产领域，福建省人民推动绿色发展来协调经济发展和环境保护的矛盾，在保护中发展、在发展中保护，具体围绕生产主体的素质和理念、生产产业的绿色化、生产工具（技术）的绿色化三个方面探索。

第一，推动生产者思想观念的改变和素质提升。

列宁曾说："世界不会满足人，人决心以自己的行动来改变世界。"❸ 人的主观能动性是改造自然的重要方面。福建各地绿色生产的推进首要的就是要发

---

❶ 潘绣文. 习近平：福建不以环境污染为代价搞经济建设［EB/OL］.（2002－06－06）［2021－12－10］. https：//www. chinanews. com. cn/2002－06－06/26/192264. html.

❷ 中央党校采访实录编辑室. 习近平在福建（下）［M］. 北京：中共中央党校出版社，2021：40.

❸ 列宁. 列宁全集（第五十五卷）［M］. 北京：人民出版社，1990：183.

挥好人的能动性和创造性。经济落后的宁德百姓尤其需要改变自身的发展观念并提升自我素质，贫困并不可怕，可怕的是思想贫困，党员干部和群众都要来一个“思想解放，观念更新，四面八方去讲一讲‘弱鸟可望先飞，至贫可能先富’的辩证法”❶。从观念上摆脱贫困的局限，既要重视人才的开发，也要注重提升劳动者素质。为了推动经济社会发展，时任宁德地委书记习近平提出劳动力资源是宁德重要的资源，需要加以疏导，强调劳动力转移要与产业发展相结合，要把富余劳动力引向山海开发，进行农副产品的深度加工，推动宁德农村经济的发展；提出农村富余劳动力的疏导也要因地制宜，遵从“从方向上说，侧重于大力发展大农业，推进山海开发，鼓励富余劳动力因地制宜转移，宜农则农，宜林则林，宜渔则渔，宜牧则牧”❷ 原则；为此强调办好教育，提高人民科学文化素质才能脱贫致富、建设好贫困地区；除加强基础教育外，使具体从业人员具备本岗位需要的工作能力和生产技能，还提出要发挥好科技的效益，认为经济要靠科技，科技要靠人才，人才要靠教育，使教育发达—科技先进—经济振兴成为相辅相成、循序递进的统一过程。这些都为宁德百姓科学能动地改造自然提供基础和前提。

第二，推动绿色产业成为经济发展的新动力。

产业发展是经济发展动力，当既有的产业发展方式不能带来经济发展时，福建省遵循自然系统的良性循环和动态平衡原则进行资源开发，推动绿色产业的发展，使其成为经济发展的新动力。厦门同安军营村结合其自然条件推动生态农业；宁德倡导发展“绿色工程”，“开发利用一些宜农、宜林、宜渔的新资源，以适应人口增长和社会经济发展的需要”❸；福州市委不断调整福州经济增长方式追求绿色发展；福建省委省政府提出生态省建设战略，发展生态效益型经济，推动生态农业、生态工业、生态旅游等产业发展，为了推动生态农业发展，要求进一步优化种植业结构，大力发展优质稻、绿色食品、有机食

---

❶ 习近平．摆脱贫困［M］．福州：福建人民出版社，1992：2.
❷ 习近平．摆脱贫困［M］．福州：福建人民出版社，1992：168.
❸ 习近平．摆脱贫困［M］．福州：福建人民出版社，1992：184.

品、无公害食品、优质果蔬产品和其他经济作物，要求加快生态林业和林业产业体系建设；为了推动生态工业发展，要求积极利用高新技术、先进适用技术和“绿色技术”改造传统工业，并发展新能源和可再生能源；要求三明钢铁厂注重科技进步，对产品结构进行升级调整，使三钢与城市共生共存。显然绿色不仅是福建省治理城市的主色调，也是福建省推动产业发展的主色调。

第三，积极主动开发绿色技术。

知识就是力量，科技是人类改造自然的重要手段，是人与自然关系调整的重要手段，但只有对自然产生正向作用的知识才是我们所需要的。福建省着力于以绿色科技为重要手段推动绿色生产来实现生态的平衡。《1985 年—2000 年厦门经济社会发展战略》中就提出“通过包括生物工程在内的先进技术对自然资源进行综合开发应用，使生态系统的各要素组成农业经济再生产的良性循环，促进农业结构的合理化，从而建立生态平衡运行机制，大幅度提高效益水平”❶。宁德市政府提出要依靠科技提高人民文化素质，依靠科技发展农业，依靠科技改变人民贫困的生活面貌，要走一条以资源开发为主逐步转向技术开发、产品开发的内涵型生产为主，以产量型生产为主转向以质量型、出口型、创汇型为主的发展之路；要依靠科学技术的力量来开发、利用原来不能利用的资源，依靠科技进步，节约要素的投入等，从而“形成一个高产、低耗、优质、高效的农业生产体系”❷。宁德市政府还推动古田菌类提升种植技术，研发人工栽培的食用菌第三代新品种“竹荪”等。福州市委提出“科教兴市”，除了要求发展高新技术产业，还要求用科技驱动调整传统产业结构，用新技术改造传统产业，努力使其现代化，同时发展高新技术产业，加速新兴产业崛起。正是依靠科技发展，福州经济结构得到进一步的优化，据统计“1994 年福州市科技进步因素对经济增长的贡献率超过 43%”❸。为了推动福建省农业

❶ 《厦门经济社会发展战略》编委会. 1985 年—2000 年厦门经济社会发展战略［M］. 厦门：鹭江出版社，1989：159.

❷ 习近平. 摆脱贫困［M］. 福州：福建人民出版社，1992：186.

❸ 习近平. 福州经济发展与结构调整［J］. 发展研究，1995（7）：7.

结构调整，福建省委省政府提出要充分发挥科技在农业结构调整中的作用，大力采用先进适用技术，提高农产品的科技含量，从而提高农业生产效益，使农业科学技术转化为农民口袋里的钞票；还支持福建省菌草科学实验室建设，解决菌林矛盾，推动菌业可持续发展；重视环保技术解决环境问题，为解决水污染问题，推动相关部门引进有丰富治理水污染专家的新大陆环保技术有限公司开展污水治理。

2002年时任福建省省长的习近平在接受中央电视台《绿色时空》栏目记者采访时指出“绿色代表着发展，代表着可持续生存；绿色是环境保护的代名词，也是未来社会的代名词。绿色是目标，是希望，是今后福建省政府工作的主要内容”[1]，绿色发展之路是福建人民在习近平的带领下探索实践的重要内容。

三、以统筹兼顾的方法协调经济发展与环境保护矛盾

统筹兼顾就是要总揽全局，处理好各方面的利益和关系，实现发展的综合平衡，是重点论和两点论的结合，是党的重要方法论。毛泽东曾说：“我们不但要提出任务，而且要解决完成任务的方法问题。我们的任务是过河，但是没有桥或没有船就不能过。不解决桥或船的问题，过河就是一句空话。不解决方法问题，任务也只是瞎说一顿。”[2] 经济发展和环境保护两者之间矛盾具体地存在福建各地，新老问题交织在一起，表现方式各异，如厦门人口逐渐集中与城市空间有限，宁德守着青山碧海过穷日子等。为此，福建省统筹兼顾协调解决经济发展和环境保护的矛盾。

第一，统筹自然资源推动经济发展。

自然资源是经济发展的基础，但在保护中统筹好自然资源推动经济发展是一个难题，福建省致力于统筹自然资源推动经济发展。厦门岛内空间小但经济

---

[1] 本刊特稿．我们在绿色中前进——福建省省长习近平访谈录［J］．国土绿化，2002（4）：10.
[2] 毛泽东．毛泽东选集（第一卷）［M］．北京：人民出版社，1991：139.

发展势头好，岛外面积大但经济发展相对落后，为推动厦门发展，需要统筹好厦门岛内外两个资源，福建省既从闽南三角的有机统一体出发，因为厦门市不可能与广大闽南地区相割裂，没有闽南地区作为直接腹地为依托，厦门港也不可能发展起来；也从厦门岛内外的有机统一体出发关注厦门岛内外空间规划，提出港湾型发展规划，推动厦门岛内外、厦门城乡共同发展。宁德的经济发展和自然环境矛盾主要表现在自然资源相对丰富但经济发展落后，小农业是自然经济的经济主体，人民守着青山碧海过穷日子。为推动宁德摆脱贫困，当地政府以经济建设为中心，抓住地域特点，统筹山海资源提出要“念好山海经”。福州的经济发展和环境保护之间的矛盾主要体现在自然资源相对丰富、地理位置优越，但经济发展水平与之不相称，当地政府统筹山海资源，建设海上福州，1995 年习近平在《福州经济发展与结构调整》中提出要处理好“沿海与山区的关系，要遵循‘统筹兼顾、合理分工、优势互补、协调发展、共同富裕’的原则，拓展沿海和山区的各自优势和发展领域，使山区成为闽江口金三角经济圈的坚强后卫、使沿海成为开放的窗口、技术的窗口”[1]。福建省关注到山区和沿海差距，从省域高度统筹山海资源，1998 年提出“对口帮扶，山海协作，协同发展”规划，推动山区和沿海联动发展，并编写《展山海宏图，创世纪辉煌——福建山海联动发展研究》，推动山海协作。

第二，统筹开发方式，推动自然资源有效利用。

资源的有限性决定在资源开发时既要注意保护，又要提高使用效率，福建省统筹开发方式推动自然资源有效利用。为了推动宁德生态脱贫，福建省坚持因地制宜、分类指导的原则，充分利用各自的自然资源和社会资源推动宁德发展，如山区要重点发展林、果、茶和饲养业。沿海则要从养殖业入手，搞好深加工和综合系统开发。时任地委书记习近平在指导宁德绿色产业发展时，根据项目特点，将“种养加”的项目和开发“短中长”的时间进行结合，如短期养鸡养鸭，还可以养长毛兔、生猪等；中期产业就是发展林、茶、果等，还有

[1] 习近平．福州经济发展与结构调整［J］．发展研究，1995（7）：26．

比较传统的食用菌产业；长期的就是抓特色产业，解决后劲问题。为推动福州发展，当地政府从整体定位各县市的地位，统筹产业协调发展，提出闽江口金三角经济圈的发展规划，在推动福州各县市发展时要求他们做到综合开发。

第三，经济发展和环境保护两手抓，提升产业竞争力和环境竞争力。

为更好解决经济发展和环境保护两难处境，福建省统筹经济系统和自然系统，从整体出发思考调整人与自然关系，抓住经济发展的关键，既守护好自然资源，又推动经济发展，推动生态优势转化为经济优势。首先，在守护好绿水青山中发展经济，要求在发展的时候保护好环境，不能为了发展而不要环境。尽管宁德经济落后，但宁德探索的却是生态脱贫、绿色发展之路，不断地推动当地山海优势，调整经济结构发展特色经济，努力把山区资源优势转化为经济优势。在治理长汀水土流失时，也坚持将山水林田综合开发和小流域治理、脱贫致富奔小康与水土流失治理相结合，在不断治理过程中将穷山恶水劣势变为山清水秀生态资源优势。其次，推动生态优势转化为经济优势，为了推动三明的绿水青山变成人民的金山银山，要求加快体制创新、调整经济结构，加快基础设施建设，推进山海协作。时任福建省省长的习近平提出厦门“创建‘国际花园城市’，还要考虑城市的自然环境、自然条件和生物多样性之间的比例关系，要考虑生态效益、经济效益和社会效益的统一，从降低成本、维护自然生态的角度，搞一些自然的、投入少的项目，多种树，少种草，实实在在地构筑绿色”❶。在具体工作指导中福建省政府抓住各地工作中的重点，使得经济发展和环境保护两者协同共进、共生、共赢。

辩证性是习近平生态文明思想在福建探索实践鲜明的特点，也是福建生态文明建设重要的示范意义所在，这与西方人类中心主义、生物中心主义仅从单一视角认识和解决经济发展和环境保护难题存在显著区别。福建省辩证认识两者之间的关系，立足于生产方式的绿色化来解决二者之间的矛盾，采用统筹兼顾的方法协调二者矛盾，就这样在破解现实的工作难题中不断推动福建生态文

❶ 本刊特稿. 我们在绿色中前进——福建省省长习近平访谈录［J］. 国土绿化，2002（4）：10.

明建设。福建省始终遵循生态系统规律，遵循经济发展规律，辩证分析认识自然要素与经济发展关系，厦门市委市政府在处理开发建设与环境保护之间关系时，不搞破坏式开发建设；宁德市委市政府思考贫困山区发展与自然资源怎样开发之间的关系，执行森林是水库、钱库、粮库等理念；福州市委市政府主要思考经济落后的福州如何借助自然资源进行发展、城市如何建设的问题，发展海上福州，建设山海城市；福建省委省政府主要思考福建省经济整体落后与如何借助自然优势确立发展策略问题，提出建设生态省，编制《福建生态省建设总体规划纲要》。这为福建省处理经济发展和环境保护矛盾留下理论启示，即辩证认识并处理经济发展和环境保护矛盾，科学处理生态、生产、生活关系，从空间规划、生产方式和生活方式转型入手推进二者关系走向平衡。

福建生态文明建设先行先试取得一定成效，但经济发展和环境保护矛盾依然存在，今天福建省干部辩证认识并处理二者关系，使得生活、生产、生态在绿色高质量发展中得以实现。首先，福建省政府科学规划“三生”空间，坚守生态底线，划分好生态功能区，使绿色空间在工业化、城镇化建设过程中基本保持不变；为此大力实施绿色工程，建设绿色城市、绿色乡镇、绿色通道、绿色屏障；严格实施天然林保护、沿海防护林建设、湿地保护等重点生态工程，科学划定林业生态红线，编制省级和县级林地保护利用规划，强化自然保护区、森林公园、湿地公园建设，对重点生态功能区的自然资源实行保护。其次，不断推进产业结构绿色转型，培育绿色生产方式。如宁德生产新能源车，三明通过技术改造对钢铁、化肥、水泥等产业的资源进行循环综合利用，并建立清洁生产系统，减少能耗，曾经的工业三明成为绿色三明。福建省还不断发展绿色环保技术，建立了全国首个生态环保产业创新中心和首个国家企业技术中心。最后，坚持生态优先，推进绿色发展，实现“三生”转化，使得三者融合为一体。福建省各级政府秉持抓生态就是抓发展的理念，把生态保护作为经济社会发展的前提，为此建立自然资源资产负债表和森林资源保护问责机制，使地方干部树立绿色发展理念，做到在开发中保护，在保护中开发。

第三节　坚持实践性：以生态环境问题为导向的多维展开

实践性是马克思主义理论的鲜明特征，习近平提及宁德的发展时曾说："我是崇尚行动的。实践高于认识的地方正在于它是行动。"❶ 福建以生态环境问题为导向多维展开探索实践，具体而言就是以科学为遵循治理生态环境、以生态产业为方向形塑传统产业、以优化发展为目标规划生态空间、以生态文化为引领推进生活生产方式转型。围绕以上几个方面，福建省继续深入开展生态文明实践。

一、以科学为遵循治理生态环境

自然是人类生存的基础，人类为了生存就要利用和改造自然，但在利用和改造自然中，往往违背自然规律，破坏生态环境的整体性和协调性，招致自然的报复。福建省从生态整体性出发，尊重自然规律，科学治理长汀水土的流失、莆田木兰溪的洪涝、厦门筼筜湖的黑臭，实现从末端治理—源头预防—变害为利的目标。

第一，科学认识生态系统整体性。自然各要素间相互联系、相互依赖、相互依存，如果破坏其内在联系，作为自然一部分的人的生存就会受到威胁。恩格斯曾指明，"我们所面对着的整个自然界形成一个体系，即各种物体相互联系的总体"❷。从生态系统整体性出发是开展生态治理工作的科学前提，在《摆脱贫困》中，习近平就曾要求基层干部要讲究办实事的科学性，指出"修了一道堤，人行车通问题解决了，但水的回流没有了，生态平衡破坏了；大量

❶ 中央党校采访实录编辑室．习近平在厦门［M］．北京：中共中央党校出版社，2020：113.

❷ 马克思，恩格斯．马克思恩格斯选集（第四卷）［M］．北京：人民出版社，1972：492.

使用地热水，疗疾洗浴问题解决了，群众很高兴，但地面建筑下沉了，带来了更为棘手的后果”❶。福建省遵照习近平的指导，将人、交通、水、建筑等各要素视为一个整体，将人与自然视为整体，体现了系统性思维。长汀水土的治理、莆田木兰溪的治理都是从生态系统整体性出发进行科学治理。

第二，辩证诊治生态环境问题。人类要依赖自然生活，但人类在自然面前又不只是被动的。当人类的盲目活动导致自然环境恶化时，如果人类能够反思，并采取科学方法加以治理，美丽的环境可能再次呈现在人类的面前。长汀水土流失有上百年历史，是中国南方红壤区水土流失的典型。20 世纪 40 年代我国就开展了治理工作，但一直未能根本解决山光、水浊、田瘦、人穷的现实难题。木兰溪是莆田人民的母亲河，也是灾难河，历来水患不断、治理不断，经济发展受限，人们生活相对清苦。福州原来将垃圾场建在闽江边。福建省人民在实践中遵照习近平的指导，不断反思与探索，对上述地方均进行了长远与眼前相结合的整治，实现生态环境与经济发展的协同发展。

第三，依靠科学技术治理生态环境。科学技术的发展对人与自然关系影响巨大，科学技术能否对人类产生积极作用取决于人类是否明智地利用。福建省充分发挥科学技术在生态环境治理和修复过程中的作用，科学施策。20 世纪 70 年代人们围海造地把筼筜湖从开放的港口变成封闭的内湖，同时也成为城市污水和城市垃圾的容纳所。1988 年筼筜湖综合治理会议提出“依法治湖、截污处理、清淤筑岸、搞活水体、美化环境”的治理方针。木兰溪总长 105 公里，水患频繁，古有木兰陂，但并未根除水患。新中国成立后曾多次规划整治，但因技术等原因未能解决，主要难题是淤泥地筑堤难和下游蜿蜒曲折裁弯取直难。水利专家采用“软体排”筑堤技术，破解了“豆腐上筑堤”的难题；设计“软基河道筑堤”物理模型并在试验基础上裁弯取直，以减少对原有生态的影响。2002 年在福建省环境保护大会上时任福建省省长的习近平还提出要“加快建设生态监测系统，为生态省建设提供决策支持……实施‘数字福

---

❶ 习近平．摆脱贫困［M］．福州：福建人民出版社，1992：19．

建’生态环境动态监测网络和管理信息系统，建立全省生态环境动态监测网络”[1]。福建省干部努力践行此要求，今天福建省在全国率先建成生态环境领域大数据应用的生态云平台。

二、以生态产业为方向形塑传统产业

发展经济和保护环境有时会成为两难选择。福建省从各地生产条件出发，尊重自然规律和经济发展规律，探索发展生态效益型经济，以生态产业为方向形塑传统产业。

第一，推动生态农业发展。1985 年国家出台了《关于开展生态农业加强农业生态环境保护工作的意见》，提出推广生态农业，地方政府如何结合各地实际落实此政策是个难题。福建省结合各地生产条件落实农业生态环境保护政策，推动农民脱贫增收致富。《1985 年—2000 年厦门经济社会发展战略》中提出要“充分利用本市农业自然资源和社会经济条件中的优势，合理开发利用农业资源，同时应用先进技术改造传统农业，发展以生物工程为主的新兴农业产业，促使本市农业经济进入生态平衡和协调发展的良性循环，以获取更高的经济效益、社会效益和生态效益”[2]。在“老、少、边、岛、贫”的宁德，宁德市政府从宁德的区情出发，立足于农业基础，发展多功能、开放式、综合性的立体农业。福州市委提出农业发展要朝着集约现代的方向，要求大念山海经，大种山海田，着重建立开发性农业、创汇型农业和城乡一体化经济结构。为了推进全省经济可持续发展，福建省委省政府扶持壮大特色产业、生态农业、光机电一体化、电子信息、旅游业等；并肯定南平“稻萍鱼鳖蛙”立体种养模式，提出这种生态农业模式适合在闽北山区大力推行[3]。这些农业发展

---

[1] 习近平．全面推进生态省建设争创协调发展新优势——在全省环保大会上的讲话［C］//吴城．新世纪福建环保．福州：海潮摄影艺术出版社，2003：9－10.

[2] 《厦门经济社会发展战略》编委会．1985 年—2000 年厦门经济社会发展战略［M］．厦门：鹭江出版社，1989：159.

[3] 宣宇才．省长调研“生态省”［N］．人民日报，2002－04－11（6）.

的新提法、新思路都是根据福建各地具体的物质生产条件提出的，都是现代农业发展的新方式，厦门、宁德、福州等地不同的生态农业实现方式，均有力地推动了当地经济发展。

第二，因地制宜推广休闲产业。福建素有“八山一水一分田”之说，改革开放以来历任地方领导都试图结合自然资源助力山区经济发展。宁德的林业有很高的生态效益和社会效益，可念好山海经；周宁县的鲤鱼溪有文化、有传统，可以发展旅游产业，带动当地发展；宁德市蕉城区虎贝镇蒸笼是自北宋以来的民俗文化遗产，蒸笼是老字号，可以把老字号发扬光大。《福州市 20 年经济社会发展战略设想》中还提出要“大力发展创汇型、观赏型、旅游型农业，加快山区发展步伐”[1]。福建省委省政府不仅要求山区做好旅游产业，也要求沿海地市做好旅游产业。与此同时，福建省重视历史文物保护，探索新的产业发展，在促进经济发展同时，保持人与自然的和谐关系。厦门鼓浪屿八卦楼是厦门近代建筑的代表，经过整修，如今鼓浪屿已是世界文化遗产，游人如织。福州“三坊七巷”，是中国历史文化高度集中的地区，在经济开发过程中得到了习近平的保护，经过整修，今天“三坊七巷”成为福州的文化名片。

第三，调整工业结构并提出发展生态效益型工业。工业是经济发展支柱产业，也是环境污染重要来源。怎样两全其美，既发展工业又减少污染，就成为难题。《1985 年—2000 年厦门经济社会发展战略》肯定厦门在保持工业轻型结构的前提下，逐步协调轻重工业关系的成绩，同时指出“轻型工业污染小、耗能低、效益高，是适于厦门自身特点的，厦门工业的发展应该继续坚持这个方向”[2]。宁德市政府根据能耗调整产业结构，遵循习近平的指导，“从需求状况和消耗状况上说，对于那些长线而又高耗的加工产业，要坚决予以收缩乃至取消；对于那些短线而又低耗的产业，要大力予以扶持；对于那些短线高耗或

---

[1] 习近平. 福州市 20 年经济社会发展战略设想［M］. 福州：福建美术出版社，1992：56.

[2] 《厦门经济社会发展战略》编委会. 1985 年—2000 年厦门经济社会发展战略［M］. 厦门：鹭江出版社，1989：114.

长线低耗的产业，或者帮助其降低消耗，或者引导其进行产品结构调整”[1]，对当地产业进行调整。《福建生态省建设总体规划纲要》提出要从利用先进适用技术和环保技术改造传统产业，发展壮大环保产业，加快工业园区整合和生态工业园区建设，建立清洁生产和ISO 14000环境管理体系，推进资源节约与综合利用，发展清洁能源和可再生能源六个方面推动生态效益型工业发展。

三、以优化发展为目标规划生态空间

随着城市对资源消耗量的增加，城市空间的扩展，城市垃圾、城市污水、城市空间布局等直接影响人民生活质量。怎样建设城市需要前瞻性的视野和系统性的思维。福建省尊重城市的总体性和有机性，在城市要素治理、城市内部布局、区域空间规划三个方面坚持生态效益和经济效益的协调发展，以优化发展为目标规划生态空间。

第一，考虑环境效益做好城市总体规划。

城市是以人为主体，社会、经济和环境复合的人工生态系统。在马克思看来，“城市已经表明了人口、生产工具、资本、享受和需求的集中这个事实”[2]，伴随着我国城市规模的扩大和人口的增加、生产生活的集中，城市环境污染和消耗逐渐增多。1983年在全国第二次环境保护大会党和政府就提出“经济建设、城乡建设和环境建设同步规划、同步实施、同步发展”的要求。《1985年—2000年厦门经济社会发展战略》则提出“城市建设要在全面考虑经济效益、社会效益和环境效益的前提下，做好总体规划，对生产力布局，城镇职能、人口分布、交通网络、生态环境等方面进行综合调整，逐步形成以港口和海湾风景相互映衬为特色的国际城市”[3]。福建省政府还要求厦门城市建

---

[1] 习近平．摆脱贫困［M］．福州：福建人民出版社，1992：130.

[2] 马克思，恩格斯．马克思恩格斯文集（第一卷）［M］．北京：人民出版社，2009：556.

[3] 《厦门经济社会发展战略》编委会．1985年—2000年厦门经济社会发展战略［M］．厦门：鹭江出版社，1989：9.

设要有自身特色，加强海湾生态的保护，要把厦门建设成为经济繁荣、社会文明、布局合理、环境优美的现代化国际花园。

第二，遵循城市生态理念科学规划城市空间。

《福州市20年经济社会发展战略设想》提出城市生态建设的理念，并对城市进行规划。其中城市规划主要包括：（1）规划工业用地和生活居住用地，要求原有市中心区内的工厂原则上都进行搬迁。（2）规划城市绿地，提出“以鼓台市区为中心组团，围绕中心组团组织仓山市区和新店、鼓山、建新、金山、淮安新市区。各市区之间充分利用福州的自然山光水色和主要干道两侧的绿地形成七个环状绿化带。”❶（3）按照大气环境功能和水域功能等规划福州环境区划，试图把福州市建设成为清洁、优美、舒适、安静、生态环境基本恢复到良性循环的沿海开放城市。此规划按照经济、自然、社会的系统整体性，将生产空间和生活空间分开，并依照自然先天禀赋规划城市空间。与此同时，福州市政府还加强城市内在各要素的治理，如城市垃圾的处理、内河的整治、增加绿地改善人居环境。在推动棚户区改造时，福建省遵守习近平“棚户区改造千万不能破坏环境。环境保护是‘内核’，这个内核永远都不能忽视。内河水系一定要保护好，道路规划空间一定要留足。要给每个区域留出绿化空间，还要注意规划的合理性，千万不要把所有空间都占得满满的”❷ 的思路，进行系统改造，在城市规划和建设设想中贯彻城市的总体性和有机性原则。

第三，要求空间开发符合区域发展要求。

福建省统筹好生态效益和经济效益，处理好工业开发边界和生态空间关系，规划区域空间推动区域经济发展。具体体现有：（1）厦门同安军营村“山上戴帽，山下开发”的发展要求。军营村偏远而又贫困，其特殊的沙砾红壤造成树木相对难栽种，但适合生长茶树与果树，于是厦门市政府提出以茶、果来保持水土，改善自然环境，同时对山林经济与旅游经济进行开发，其梯田七彩池等成为闻名遐迩的旅游点。（2）永泰是福州后花园，绿水青山是其发

---

❶ 习近平. 福州市20年经济社会发展战略设想［M］. 福州：福建美术出版社，1992：30.

❷ 中央党校采访实录编辑室. 习近平在福州［M］. 北京：中共中央党校出版社：2020：389.

展方向。福州永泰曾是贫困落后山区，怎么发展是一个难题。与此同时福州市政府基于福州市与县市之间的地理空间位置，提出闽江口金三角圈发展构想，其内涵主要指以福州经济技术开发区为前导，以福州市区为依托，以沿海为两翼，以闽江流域和闽东北为腹地的多层次开发格局。（3）三明要念好“山海经”，画好“山水画”。三明是山区地貌，森林资源相对丰富，是福建的肺部，也是闽江水源流经地，但经济排位在全省一直处于后列，如何发展是三明人面对的考题。1997年习近平来三明调研时提出“青山绿水是无价之宝，山区要画好山水画，做好山水田文章”❶，要求三明守住福建的生态底线，发挥其生态功能，改变以环境换取经济的思路。今天的三明，按照习近平当年的发展规划，既守护好闽江水源，发挥其生态功能，又走出绿色发展的新路子。

四、以生态文化为引领推进生活生产方式转型

人是自然的一部分，人类的生存发展依靠大自然，自然生态与人类发展息息相关，涵养人对自然的感情、培育良好的生态文化是建设生态文明的题中之义。福建省重视生态文化的培育，旨从生活方式、生产方式观念的改变引领推进福建生态省的建设。

第一，强调生态文化的重要性。

生态文明的建设需要人们生产方式、生活方式、思维方式和价值观念的变革。地方领导干部只有树立环境保护意识，才能主动自觉地落实好党和国家的环境保护政策；普通民众只有具备环境保护意识，才能在生产、生活中做到低碳生活、绿色出行、绿色消费、绿色生产。2000年习近平前瞻性地提出建设生态省的战略构想，2002年时任福建省省长的习近平赴京参加福建生态省论证大会，会上习近平指出“围绕生态省建设，福建将抓好四方面基本任务，即大力发展生态效益型经济；促进人和自然的协调与和谐；保障生态环境安

---

❶ 刘磊，刘毅，颜珂，等．风展红旗如画——全面贯彻新发展理念的三明探索与实践（上）［N］．人民日报，2020-12-16（4）．

全；创建文明进步的生态文化”❶。福建人民以此为思考路径，以经济与生态的协同并进为目标，努力建设人和自然和谐相处的生态文明社会。培育生态文化也是《福建生态省建设总体规划纲要》中的重要内容，建设好生态文化是福建生态省重要的建设目标，如要形成人人关心环境、保护环境的良好社会风尚，要使全社会生态文化意识增强，要使广大群众成为环境保护与生态建设的拥护者和实践者。实践中，福建人民在党中央的指示下，不断努力，提高认识，对福建的生态文明省建设事业投入更多的关注，也营造出更为浓厚的生态文化氛围。

第二，大力倡导绿色消费。

消费和生产是环境污染的两个重要环节，1992 年联合国环境与发展大会通过的《21 世纪议程》指出“全球环境不断恶化的主要原因是不可持续的消费和生产模式，尤其是工业化国家的这类模式”❷。在福建工作期间，时任福建省省长的习近平多次强调绿色消费的重要性和必要性。2001 年 11 月 8 日，在给中国（厦门）国际城市绿色环保博览会开幕式上的贺信中习近平提出：“坚持城市的可持续发展战略，推动城市建立有利于环境、投资与经济协调发展的绿色生活方式、绿色工作方式、绿色生产方式和绿色消费方式，是社会进步的重要表现。”❸ 为了推动生态省建设，福建省不断强调绿色消费，不仅规范生产方式，也规范和引导消费，使现代生态文明消费成为全社会共同的价值观念。《福建生态省建设总体规划纲要》也倡导绿色消费，树立生态品牌，既要求消费者具备节俭文明的生活方式，减少消费过程产生的废物和污染物，有对环境负责的思想；也要求研发者开发生态产品，从而使绿色消费成为大众的生活选择。

第三，以整治餐桌污染为契机倡导绿色生产。

在生产中，受利益驱使，农业生产者使用剧毒农药，畜牧业生产者使用有

---

❶ 刘国军．“生态福建”规划纲要在京通过论证［EB/OL］．（2002－08－26）［2021－06－01］．http：//unn. people. com. cn/GB/channel229/230/936/200208/26/207573. html.

❷ 转引自杨雪英．可持续发展学［M］．徐州：中国矿业大学出版社，2004：254.

❸ 卢昌义．呼唤绿色新世纪：中国（厦门）国际城市绿色环保博览会纪实及 21 世纪绿色城市论坛论文汇编［C］．厦门：厦门大学出版社，2002：30.

毒有害添加剂（如瘦肉精），这导致人们餐桌受到污染，消费者健康因此受到伤害。民以食为天，福建的干部充分认识到餐桌污染的严重性，认为餐桌污染关乎生产和消费两端，从生产角度看影响福建省农产品的市场和农民的增收；从消费角度看关系到人民群众身体健康和生活安全。自2001年习近平在全国率先提出治理餐桌污染，建设食品放心工程，《福建省生态省建设规划纲要》对绿色消费也作出了具体的要求，提出要加快发展安全食品生产，要求建设一批无公害食品、绿色食品和有机食品生产基地，从而使消费品种多样化、产品优质化。经过餐桌污染治理，2002年“福州、厦门两市‘瘦肉精’检出率下降到5%，全省各城区蔬菜农残超标输出率已基本控制在10%以下，水产品浸泡甲醛、污水现象得到有效控制”[1]。近年来福建省开展治土治水工作，并建立3000多个农业生态环境监测点，为生态农业发展提供了保障。这一方面推动农业领域的绿色生产，另一方面也保障了民生，与此同时福建省还加强农产品质量监测，守护好人民健康。

实践是人类把握自然的重要方式，是调整人与自然关系、人与社会关系的重要手段，既可破坏自然，也可使人与自然和谐共生。对人与自然关系的考察不是从既定的自然概念出发，而是建立在现实的人与自然关系之中；习近平生态文明思想不是空想出来的，是从现实的劳动实践出发，是建立在实践考察和深入思考基础上的科学探索。恰如毛泽东所讲“凡真理都不装样子吓人，它只是老老实实地说下去和做下去”[2]。实践性是马克思主义理论的重要特征，也是福建生态文明建设重要的理论示范体现。

思想是对某一问题本质规律性的认识，体现客观事物的发展规律，展现学科发展的前沿。西方生态马克思主义思想多基于对现象的观察和问题的思考，运用概念的定义、价值的判断和逻辑的推理得以成为理论体系。而纵观福建生态文明建设的实践，显然是以问题为导向，概括而言，这些问题主要包括环境治理难题、要污染还是要发展的两难选择、要长期的生态效益还是短期的经济

---

[1] 福建通讯记者．访福建省省长习近平：人民政府为人民［J］．福建通讯，2002（4）：5.

[2] 毛泽东．毛泽东选集（第三卷）［M］．北京：人民出版社，1991：836.

效益等难题，探索治理生态环境的多维路径，并以现实的人为出发点，探索生态脱贫致富之路；在实践之中协同经济发展和环境保护，提出城市生态建设理念，使纸裱的福州逐渐转身为山水城市；锲而不舍地治理龙岩长汀水土治理，使得荒山变成果园；秉持“变害为利、造福人民”理念，使木兰溪从水患转向水安全；提出建设生态省、协同山海资源推动福建绿色发展等都是其实践经验的总结。除此之外，福建省委省政府还以提升生态治理能力和水平为导向，引导地方政府干部改变生态治理理念、完善生态建设制度、制定生态建设战略等推动生态建设。这些理念、制度和战略成为福建省生态文明建设的重要遵循，并取得突出的成效。这印证了实践出真知，实践既是认识发展的动力，又是认识的来源，一切真知都源于直接的实践经验。问题是时代的口号，当时代将经济发展和环境保护的矛盾难题提出后，福建省在实践中解决问题并形成经验，这些经验经过再提炼，再检验，最终为福建生态文明建设奠定坚实基础。

显然实践性是福建生态文明建设重要的理论启示意义。福建省历任干部按照“机制活、产业优、百姓富、生态美”的要求推进生态文明建设实践工作，首先坚持系统思维，统筹抓好治山、治水、治土等工作，打赢“污染防治攻坚战”，率先将国家“重污染天气应对”扩展为“污染天气应对”，提高应对范围。其次将经济发展与环境保护融为一体，如积极落实“3820”工程战略持续推进福州建设、发展闽江口金三角经济圈、持续不断推进“东进南下、沿江向海”“海上福州”等重大战略，并不断构建现代绿色产业体系，不断进行生态文明建设体制机制的改革，使山水相融，人与自然、自然—经济—社会实现统一，实现绿色发展，推进生态省建设。再次，在实践中探索生态优势转化为发展优势的路径。为了承担好全国生态文明试验区的重任，福建省不断推进体制机制改革，制定规划有步骤推进福建绿色发展，如 2022 年 3 月表决通过了《福建省生态环境保护条例》，2022 年 8 月发布了《福建省推进绿色经济发展行动计划（2022—2025 年）》等，推进生态补偿、河湖长制等构建促进绿色发展的体制机制，将福建省的生态优势进一步转化为发展优势，形成绿色生产生活方式，为加快经济社会发展提供绿色新动能。

第四节　坚持发展性：福建生态文明建设的前瞻视野

福建生态文明建设在解决福建各地具体的经济发展和环境保护的难题中不断发展，这种发展既蕴含着对马克思人与自然关系思想的继承，也蕴含着对党的环境保护政策的落实。福建生态文明建设在先行先试的实践中不断发展，凸显了经济发展和环境保护矛盾形式的变化带来思想的不断深化，也彰显了福建生态文明建设的前瞻视野。在此从三个层面分析福建生态文明建设的发展性，即对宏观生态系统的规划和建设不断深化、对具体自然要素的认识和建设不断深化、对生态在经济社会发展中地位和效益的认识不断深化。

一、对宏观生态系统的规划和建设不断深化

生态系统是人类社会生活基础，生态系统彼此联系，也将人与自然连在一起。系统思维也是福建干部推进生态文明建设的重要思维，是福建生态文明建设重要的示范意义所在。

第一，从拓展思路落实党的环境保护政策到提出“生态位”。

1985 年的厦门作为经济特区，承担着经济发展示范的责任，但同时其经济基础薄弱，也面临着经济发展和环境保护的矛盾。1986 年 1 月，时任厦门市副市长的习近平在厦门市八届人大常委会提出环境保护实施措施，如建立环境保护责任制、岛内外开发建设审批程序等；在实践中指导厦门同安军营村人居环境治理，推动当地生态农业发展；主持编制了《1985 年—2000 年厦门经济社会发展战略》，设立了环境规划专题，并在其中提出“生态位”的概念，开启从生态系统视角对环境问题和经济社会建设的思考。厦门人民遵从习近平的思考，落实党的环境保护政策，履行环境保护、生态建设的职责，将厦门建

设成如画的“海上花园”。

第二，从发挥自然生态系统效益到提出城市生态系统建设。

宁德地处偏僻，百姓生活贫困，宁德市政府立足当地物质生产条件和生产水平，围绕宁德自然资源做文章，从自然生态效益和经济效益整体出发提出“森林是水库、钱库、粮库”的理念，此刻生态不再是经济发展的负面因素，而是推动经济社会发展的动力。福州市政府基于福州城市自然条件，围绕城市建设提出城市生态建设理念，在《福州市20年经济社会发展战略设想》中提出要通过建设使“城市生态环境基本恢复良性循环，城市区域达到清洁、优美、舒适、安静的要求”❶。城市生态建设理念凸显了人与自然、人与城市是系统整体的思维，回答了如何建设城市、建设怎样的城市的问题。

第三，从重视自然生态系统建设到省域生态经济社会系统建设实践。

福建省委省政府不仅科学认识自然生态系统，而且开始从省域高度应用生态系统思维思考认识经济发展和环境保护问题，从省域高度将自然生态系统和经济社会发展视为系统整体思考解决经济和社会发展问题，提出生态省建设战略。首先，在《福建生态省建设总体规划纲要》中提出要建设人与自然和谐共生的生态省，发展生态效益型经济，把福建省生态建设内容延展到经济、文化、生产、生活中，对生态农业、生态工业、生态文化等进行整体布局，将自然生态系统与经济社会系统融为一体，将福建省的建设与生态省建设融为一体；其次，尊重福建的自然生态系统和经济发展系统的客观基础，明确制定福建省生态建设的时间表，制定了三个阶段不同的建设目标。恰如2002年7月3日习近平在福建省环保大会上指出的“建设生态省就是要在全省范围内实施可持续发展战略，运用生态学原理、系统工程学方法和循环经济理论，以增强综合实力和提高人民生活质量为根本目的”❷。生态省建设的宏观思路和整体思维，是对福建省落实环境保护与可持续发展理论和实践的升华。透析《福

---

❶ 习近平. 福州市20年经济社会发展战略设想［M］. 福州：福建美术出版社，1992：146.

❷ 习近平. 全面推进生态省建设 争创协调发展新优势［C］//吴城. 新世纪福建环保. 福州：海潮摄影艺术出版社，2003：4.

建生态省建设总体规划纲要》对生态省建设的规划和部署，可以发现自然环境已从经济发展的羁绊到成为经济发展的助力器。这也是习近平生态文明思想在福建探索实践从理念提出到生态省战略实践验证的过程，是习近平生态文明思想在福建探索实践相对成熟的标志。

生态文明建设重在正确认识生态系统和经济社会系统，福建省党员干部在客观的物质生产和物质交换中，在处理具体的经济建设与环境保护关系中对生态系统的认识不断深化拓展。随着时代的发展，福建干部继续深化认识生态系统与经济社会系统，首先继续深化山海协作，山与海既是生态两大重要系统，也是经济系统的自然基础、社会系统的生存基础。山海兼备的福建省地区资源禀赋差异大，经济发展不平衡，20 世纪 80 年代福建省领导就已提出山海协作的发展战略，推进山区自然资源与沿海地区的资金、技术相结合。今天福建省委省政府继续深化山海协作战略，将山海协作从单纯的地区经济帮扶走向城市群开发模式，目前主要是福州都市圈和厦漳泉都市圈两个都市圈，分别辐射带动闽东北和闽西北两个地区。其次从系统整体视角认识并处理经济发展和环境保护关系。相对而言，福建省近年经济社会发展逐渐提速，2020 年福建省 GDP 达到 4.39 亿元，全国排名第七，人均 GDP10.58 万元，全国第四名，但环境容量压力依然存在，需要系统整体认识二者关系，福建省不断深化体制机制改革，减少环境运行压力，实现百姓富和生态美的有机结合。

二、对具体自然要素的认识和建设不断深化

树木、海洋、耕地都是生态系统重要组成部分，人与自然关系具体地存在于人与自然要素之间。福建省党员干部对这些具体自然要素的认识也不断深化，在此以森林、海洋、耕地三者为例进行论述。

第一，从森林绿化到林权改革。

林业是自然生态系统中重要组成部分，森林面积的减少将直接导致水土流失、气候失常。这也是马克思、恩格斯在描述人与自然关系恶化的重要表现。

新中国成立后，毛泽东就曾提出“在十二年内，基本上消灭荒地荒山，在一切宅旁、村旁、路旁、水旁，以及荒地荒山上，即一切可能的地方，均要按规格种起树来，实现绿化”[1]。继而邓小平提出“绿化祖国，人人有责”，并提议将3月12日定为中国植树节。在福建工作期间习近平对福建林业工作极为重视，在厦门工作期间就曾指导同安军营村发展林业绿化；1997年再到厦门同安军营村调研时，看到有些山头光秃秃时，指出多种茶、种果，也别忘了森林绿化。1989年1月，还撰写《闽东的振兴在于“林”——试谈闽东经济发展的一个战略问题》，提出要深化林业体制改革。在福州则继续推动当地林业发展，指出“永泰的发展方向就是绿水青山”。1996年5月26日，时任福建省委副书记的习近平调研沙县时指出“要考虑林业产业化问题，既然沙县是林业大县，除了要一个林业生态效益外，还应该要林业的经济效益，真正把林业当成产业来办”[2]。此后他依然强调要发展好林业，强调林业建设关系到经济社会可持续发展，将林业发展视为人民美好生活的一部分。

福建省作为林业大省，一直不断深化集体林权制度改革，使资源、资产、资本在林权体制机制改革中得到统一。在林业经营主体方面，福建省已经形成以家庭林场、股份林场、林业专业合作社、“公司+基地+林农”、林业托管经营等形式并存的新型林业经营主体；在经营方式，开展林权抵押贷款、森林综合保险、林木收储、森林资源资产评估等方式；在林权改革方面，在全国首推林权交易+林权收储模式，设立了国有、国有控股、民营、混合所有制多种林权收储模式；在森林资源管护机制方面，采取联户管护或委托管护；推进林业资源管理规划，在划定生态林和经济林基础上，先后出台《福建省生态公益林规划纲要》《福建省生态公益林管理办法》《福建省国有林场管理办法》等加强对林木的分类管理，并为其提供了资金保障，全省生态公益林管护资金近2亿元。其中，三明在林改方面先行先试，取得一定成效和成果。三明致力于林业生态产品价值方面的体制机制创新，如建立林权、林票、林业碳汇等交

---

[1] 中共中央文献研究室．毛泽东论林业［M］．北京：中央文献出版社，2003：26.

[2] 中央党校采访实录编辑室．习近平在福建（下）［M］．北京：中共中央党校出版社，2021：10.

易制度，加快实施储备林＋林票的模式，并与上海进行合作，打造全省乃至全国的林业产权交易平台和定价中心；建立全国碳交易市场中心，三明作为全国林业碳汇试点市，还积极拓展林业碳汇计量方法，推动碳汇＋生态司法、碳汇＋碳中和、碳汇＋金融保险。2021 年福建省林业产业总产值达 7021 亿元，位居全国前列。

第二，从海洋产业到海上福建。

海洋是自然生态系统中重要的要素，地球 70% 的面积是海洋，福建面海背山，山与海都是福建人民生产、生活资料的重要来源。对于福建省而言，其海域面积达 13.6 万平方公里，海岸线长达 3000 多公里，曾是海上丝绸之路的起点，也是 21 世纪海上丝绸之路核心区。20 世纪 80 年代，福建省委提出大念“山海经”，要求加快水产事业发展，90 年代提出建设“海洋经济大省”，之后提出建设海洋强省，制定《福建省“十四五”海洋强省建设专项规划》。“山海经”最初是时任福建省委书记项南提出，习近平在福建工作期间继续探讨发挥海洋资源优势，发展海洋经济。习近平担任党的领导人后曾说：“我长期在福建工作，对海的印象很深刻，也很有感情。发展海洋经济，是我长期致力和探求的一件事。”[1]

党的十八大报告提出建设海洋强国，2013 年习近平总书记在主持中共十八届中央政治局第八次集体学习时强调“保护海洋生态环境，着力推动海洋开发方式向循环利用型转变”[2]。在党的二十大报告中习近平总书记进一步指出要发展海洋经济，保护海洋生态环境，加快建设海洋强国。

今天福建省委深入贯彻习近平海洋强国精神，提出建设海上福建，印发《加快建设“海上福建”推进海洋经济高质量发展三年行动方案（2021—2023年）》，提出要“以深化福州、厦门海洋经济发展示范区建设为重点，着力创新体制机制，推进海岛、海岸带、海洋‘点线面’综合开发，壮大海洋产业，

---

[1] 转引自潘家玮，毛光烈，夏阿国．海洋：浙江的未来：加快海洋经济发展战略研究［M］．杭州：浙江科学技术出版社，2003：1.

[2] 习近平．论坚持人与自然和谐共生［M］．北京：中央文献出版社，2022：38.

提升海洋科技，保护海洋生态，拓展海洋合作，加强海洋管理”。2022 年全省海洋经济总产值超过 1.2 万亿元，占全省生产总值比重达到 23%。[1] 当前福建省政府主要从以下几个方面推进海上福建发展：一是努力构建现代海洋产业体系，推进海洋产业从传统的渔业捕捞和养殖走向新科技开发海洋。通过科技兴海发展海水养殖，发展数字海洋、智慧海洋，开发海洋生物医药产品，如“蓝湾”硫酸氨基葡萄糖、富含 DHA 的微藻油脂等。二是推进海洋碳汇核算，发展海洋碳汇金融。全国首宗海洋碳汇交易在泉州落地，即泉州洛阳江红树林生态修复项目 2000 吨海洋碳汇交易。三是构建海洋经济发展空间，发展蓝色海仓。目前已形成一带六湾多岛的区域海洋经济发展格局，达到依港兴城、因海兴市的建设目标，厦门欧厝、连江黄岐、宁德霞浦被列入国家渔港经济区建设名单，也是福建省的美丽海湾。为了进一步推进海上福建建设，福建省还制定《福建省“十四五”海洋生态环境保护规划》《福建省“十四五”渔业发展专项规划》，福建省委在十一届三次全会还提出打造海洋优势产业聚集区和新兴产业集群。

第三，从保护耕地到推进高标准农田建设。

土地是自然重要的组成要素，是粮食生产的物质基础，关乎人民的生存和生活质量。我国人均耕地少，且质量不高。1986 年 6 月 25 日，国家就颁布了《中华人民共和国土地管理法》，1991 年则将每年的 6 月 25 日确定为全国土地日，但在城镇化进程中耕地面积不断减少，工业化过程中耕地污染问题依然存在。

习近平在福建工作期间，将耕地的保护作为一项重要工作来抓，多次提出依法治地，正确处理好土地利用总体规划与建设发展的关系，保护有限的耕地，这为他之后对耕地红线的认识和思考等奠定了基础。在党的二十大报告中依然强调要全方位夯实粮食安全根基，全面落实粮食安全党政同责，牢牢守住十八亿亩耕地红线。

福建省“八山一水一分田”，粮食自给率一直以来就较低，加之城镇化和

---

[1] 林蔚，张颖. 12000 亿元，福建海洋经济有这么多第一！［N/OL］.（2023－02－08）［2023－08－11］. https：//news. xmnn. cn/fjxw/202302/t20230208_62637. html.

工业化直接带来耕地减少，实现耕地占补平衡工作难度较大，但也尤为重要，2014 年福建省就开始试点实施林地占补平衡政策，同时还在提高农田质量上下功夫。福建省政府下发《关于进一步加强耕地保护监督工作方案 》中不仅提出要按照“占优补优、占水田补水田”原则实现耕地占补平衡，还提出要构建耕地质量保护与提升长效机制，为此 2016 年印发《福建省耕地质量保护与提升实施方案》将耕地质量提升工作列入市、县绩效目标考核内容；还制定《福建省高标准农田建设规划（2016—2020 年）》提出高标准农田建设 170 万亩的任务，2017 年福建省还下达补充耕地 6 万亩的任务。为了解决土地撂荒、城镇化的土地侵占，福建省高效利用土地：一是推进传统的化学农业转变为有机农业、休闲农业、智慧农业，推进农业发展升级；二是深入实施优质粮食工程，助力乡村振兴战略实施，改变耕地非粮化、非农化，优化农业空间、建设空间、生态空间，化解城镇化与耕地资源保护的矛盾，既走集约、智能、绿色、低碳的新型城镇化道路，减少土地侵占，还推进土地流转政策，高效利用好耕地。根据国家核定下发的 2021 年国土变更调查，福建省守住全省 1341 万亩耕地（其中包含 1215 万亩永久基本农田），连续 23 年实现耕地占补平衡。[1] 福建省政府还致力于发展净土工程，保证土壤安全，出台《福建省“十四五”土壤污染防治规划》。

三、对生态在经济发展中地位和效益的认识不断深化

经济发展和环境保护这对矛盾主要体现在生态系统和经济系统之间，福建省从系统思维认识二者关系，并抓住矛盾的主要方面即生态，创造条件实现矛盾的转化，这期间生态在经济发展中的地位和效益不断深化，如福建省对生态要素绿水青山的价值判断不断深化，对生态空间布局的规划不断深化，对生态系统和产业融合的方式不断深化。

---

[1] 张颖，陈永香，郑与国. 守住“耕基”，念好良田保护经［N］. 福建日报，2023 -06 -26（2）.

第一，从守护绿水青山到绿水青山是块宝。

经济发展和环境保护矛盾不是抽象的，而是具体的存在，绿水青山变成污水、荒沙、荒漠就是矛盾的具体呈现。福建省干部抓住主要矛盾，守护好绿水青山，创造条件解决矛盾，使绿水青山转化为金山银山。福建省依山靠海，绿水青山是福建省重要自然资源，福建各地政府高度重视绿水青山，项南书记就曾提出要念好“山海经”，但关键是如何正确认识并处理绿水青山与金山银山的关系，如何发挥自然优势推动经济发展，使二者走向统一。首先，福建省干部科学认识绿水青山的多重价值，认为“什么时候闽东的山都绿了，什么时候闽东就富裕了”“森林是水库、钱库、粮库”“青山绿水是块宝”，将山绿与脱贫致富联系起来，其中蕴含了生态与经济的统一，生态优势就是发展优势，这有别于传统的砍伐买卖获利的观念，这为绿水青山转化为金山银山提供了认识论的基础。其次，守护好绿水青山，重视和珍惜厦门的一草一石、使厦门军营村山上戴帽、使闽东绿满山头、使永泰成为福州的后花园、使三明成为绿色氧吧。最后，不断创新体制机制念好“山海经”，将绿水青山转化为金山银山。通过生态政绩核算、智慧招商、生态功能区划分、“福林贷”等林业金融画好山水画，做好山水田文章，使绿水青山成为一块宝、使绿水青山成为发展方向。显然福建省历任干部不仅用通俗易懂的语言表达了对绿水青山和金山银山二者关系的认识，而且不断创新体制机制使其从对立逐渐走向统一；不仅在认识上将绿水青山的价值等同于宝藏，而且提出二者统一的方式，并基于此不断探索新的发展之路。

第二，从注重空间布局到“三生”逐渐协调规划。

经济发展和环境保护的矛盾还体现在空间布局，如生态空间缩小、生产空间无序扩大、生活空间规划不科学等。马克思曾说“空间是一切生产和一切人类活动的要素”[1]，空间也是历代中国共产党人关注的对象，毛泽东曾从空间维度提出了“三三制”的耕地规划设想，邓小平则从空间维度推动三北防

---

[1] 马克思，恩格斯．马克思恩格斯文集（第七卷）［M］．北京：人民出版社，2009：875.

护林的建设。在福建工作期间习近平也注重空间规划，提出城市空间布局要规划好工业用地和生活居住用地，要给每个区域留出绿化空间等。《福州市20年经济社会发展战略设想》提出东扩南进的发展思路；并从空间生态位，提出永泰是福州的后花园、永泰的发展方向是绿水青山。显然此刻的空间布局已经不仅关乎环境保护，还关乎发展路线和发展战略。

第三，从推进产业生态化到生态产业化逐步走上绿色发展道路。

产业是经济发展的主要载体，也是环境破坏的主体，经济发展和环境保护的矛盾除了呈现在绿水青山、空间布局，更具体地体现在产业发展。国家也关注到经济发展和环境保护的矛盾的源头在产业本身，1985年国家出台《关于发展生态农业，加强农业生态环境保护工作的意见》推广发展生态农业。福建省积极落实国家政策推动生态农业、生态工业的发展，试图通过农业生态化、工业生态化来减少产业对环境的破坏。《1985年—2000年厦门经济社会发展战略》中提出要发展“生态平衡型的创汇农业，通过包括生物工程在内的先进技术对自然资源进行综合开发利用，使生态系统的各要素组成农业经济再生产的良性循环，促进农业结构的合理化，从而建立生态平衡运行机制”[1]；宁德市政府不仅倡导发展多功能、开放式、综合性方向发展的立体农业，而且要求根据能耗调整工业结构，要求地方发挥生态优势，推进生态走向产业化，生产生态产品，走绿色发展道路。福州市政府不仅要求大力发展创汇型、观赏型、旅游型农业，加快山区发展步伐，而且推动永泰发展生态旅游业。《福建生态省建设总体规划纲要》更是提出要着力培育生态效益型经济，紧紧抓住生态产品来解决二者矛盾，既推动产业走向生态化，也将生态转化为产业，使得产业和生态双向融合，一方面产业逐渐绿色化，减少对环境的破坏，另一方面发挥生态优势，使其形成产业。良好的生态产品本身就蕴含着生态产业化和产业生态化的转换思维，促成了生态与经济由对立博弈走向统一共生，既减少了污染，又使得自然价值增值，使矛盾双方在向对立面的转换过程中达成和谐

[1] 《厦门经济社会发展战略》编委会. 1985年—2000年厦门经济社会发展战略［M］. 厦门：鹭江出版社，1989：159.

统一。显然对产业和生态关系的辩证认识推动人们不再追求单一的经济效益，而是追求综合的经济、社会、生态效益，推动人们在追求生态产品的过程中走上绿色发展道路。

经济发展和环境保护的矛盾在不同的时空中表现方式不一样，虽然福建各地经济发展、环境污染问题表现形式都不一样，但矛盾始终存在。福建的历任干部在各地具体的经济社会发展系统中，在具体的人与自然要素关系中思考探索人与自然关系，解决经济发展和环境保护的矛盾，这期间对生态在经济社会发展中的地位认识逐渐深化。自习近平提出“建设生态省的战略决策，就是要充分发挥自身的生态优势，在恢复和保持良好的生态环境、合理利用自然资源的前提下，建立科学合理的循环经济体系，促进全省社会、经济和生态环境协调发展”❶，他们一张蓝图绘到底，在践行中思考，在思考中提升，将经济发展与生态保护纳入同一个方向，使之并行不悖、互促共进。

近年福建省经济发展速度提高了，但能耗增速也加快了。2021 年福建省碳排放较往年增速，解决环境问题压力高位运行，需要进一步推进生态产业化和产业生态化，进一步建立健全生态产品价值实现机制，这是践行绿水青山就是金山银山理念的关键路径。2021 年 3 月，习近平总书记到福建考察，强调“绿色是福建一张亮丽名片。要接续努力，让绿水青山永远成为福建的骄傲”❷。福建干部不仅以绿色为骄傲，更以将绿色转化为金山银山为骄傲，在推进生态产业化和产业生态化的过程中不断地探索生态产品价值实现机制，缩短绿水青山与金山银山之间的距离，使得二者融为一体，这也是 2016 年《国家生态文明试验区（福建）实施方案》要求福建省承担的重要试验任务。2021 年，中共中央办公厅、国务院办公厅印发《关于建立健全生态产品价值实现机制的意见》，对生态产品价值实现机制进行了顶层设计。2021 年福建省

---

❶ 潘绣文. 习近平：福建不以环境污染为代价搞经济建设［EB/OL］.（2002－06－06）［2021－12－10］. https：//www. chinanews. com. cn/2002－06－06/26/192264. html.

❷ 福建日报评论员. 让绿水青山永远成为福建的骄傲——六论学习贯彻习近平总书记来闽考察重要讲话精神［N］. 福建日报，2021－04－02（8）.

第十一次党代会明确提出把做大做强做优数字经济、海洋经济、绿色经济、文旅经济作为全省经济发展的四个重点领域来深入推进。福建省在有效市场和有为政府的结合中不断创新生态产品价值实现形式，开展了大量的实践探索，比如在经济形式上推进生态文旅、林业碳汇、海洋碳汇，形成了诸多生态产品价值实现亮点。通过有效市场将无价的绿水青山转化为有价的生态产品；通过有效政府解决生态价值核算难，生态资源权益交易难，推进生态补偿、发展绿色信贷等。

党的二十大报告提出2035年“全体人民共同富裕取得更为明显的实质性进展；广泛形成绿色生产生活方式”。绿色发展是高质量发展的关键要素，如何使绿色发展与共同富裕协同推进，福建省需要进一步推进生态在经济社会系统的作用，继续深化对二者关系认识。为此，第一，依然可从自然—经济—社会系统出发，创新绿色发展促进共同富裕的实施策略。首先，进一步推进山海协作、绿色互通缩小地区差距。山海协作、绿色互通可给落后地区发展机会，既可为先发地区提供绿色资源，也可使落后地区在优化绿色资源配置中致富。其次，进一步推进城乡融合、绿色互融缩小城乡差距。城乡融合、绿色互融可实现农村生态产品价值，也可为城市市民提供绿色健康，农村绿色生产要素在高效参与生产和分配中使农民增收。最后，进一步共建绿色产业缩小收入差距。绿色产业是未来主体产业，引领低收入群体共建绿色产业，提升劳动者创造绿色财富能力，既可推进绿色产业发展，又可使劳动者受益。第二，可推动共同富裕引领绿色发展。首先，全面富裕引领绿色产业升级转向。全面富裕不仅包含物质的丰富，还包含精神的富有，这要求绿色产业转型升级，满足人民追求绿意盎然的生活需求，成为精神富有的人。其次，全民富裕引领绿色发展制度不断完善。共同富裕是全民的富裕，绿色资源也为国家集体所有，这要求绿色发展制度不断完善以使全民共获绿色收益。最后，逐步富裕引领绿色技术不断创新。逐步富裕是基于当前客观的物质生产水平提出的，这要求提高绿色技术不断创新逐步推进社会绿色增收。

马克思曾说一部人类史就是自然史，人通过劳动使人从自然中分化出来，同时人与自然的辩证关系也需要在人类劳动实践中才能得到真正的实现。物质世界的客观规律总是先在于人的思维，这使得主观思维才有可能和必要，主观思维只有与客观规律相符合时才能推动客观事物的发展，这需要对反复出现的现象进行考察，才能抽象出表象下被遮蔽的客观规律。福建省遵循在主观辩证法与客观辩证法的相结合中探索经济发展和环境保护的客观规律，将自然系统—经济系统—社会系统视为整体系统，并辩证认识三者关系，以自然系统为基础，不断推进自然优势转化为发展优势，不仅解决客观现实的经济发展和环境保护矛盾，而且使其生态建设不断深化。马克思主义理论是以事实为依据，以规律为对象，以实践为检验标准，今天福建人民以此为指导和遵循，接续建设美丽福建。

小结

福建生态文明建设有其重大的理论示范意义，是一代代共产党人从马克思主义立场、观点、方法认识人与自然关系，解决经济发展和环境保护的难题，从生态的系统性出发，将人—自然—经济—社会视为整体，从人民的根本利益、长远利益出发认识与处理经济发展和环境保护的矛盾，其中既有对现有建设模式造成自然环境破坏的深刻反思，也有关于发挥自然生态优势推动经济发展的创新思考，在实践中从“破”与“立”中探寻各地经济发展方式，这些既彰显了让老百姓过上富足生活的价值旨向，又体现了福建省生态文明建设在不断协调解决具体问题中逐渐走向成熟，有着鲜明的人民性、辩证性、实践性、发展性。时空在变化，人们对生活的需求也在变化，无论在经济发展落后的闽东地区还是在沿海开放地区的省会福州，福建省委省政府始终都坚持从人民立场出发，坚持在发展中解决经济发展和环境保护的矛盾，在推动生态治理、推广生态产业、规划生态空间、倡导生态文化的实践中，在协同推动经济发展和环境保护的辩证性中解决矛盾，在对生态的认识不断深化中具体展开生态文明思想的探索实践。福建干部以习近平在福建的思考为行动宗旨，以习近平生态文明思想为遵循，在实践工作中接续推动生态文明建设，取得新的成就和突破，成为美丽中国的省域样本，为将来更美的福建奠定了坚实的基础。

结　语

问题是时代的呼声，坚持问题导向是马克思主义的鲜明特征。当发展成为时代主题时，我们遇到了“成长的烦恼”，即生态环境问题。如何协调好经济发展和生态保护的关系，摆脱西方“先发展、后治理”的老路已成为当代中国面临的难题，历代中国共产党人都在探寻中国式现代化道路。今天我们已经进入习近平新时代中国特色社会主义，走在高质量发展之路上，但经济发展和环境保护的矛盾依然存在。面对复杂的生态环境难题，适逢百年未有之变局，如何结合中国国情开展好生态文明建设、建设人与自然和谐共生的现代化，如何走好中国式现代化新道路、创造人类文明新形态，要求我们回到习近平生态文明思想的重要孕育地和先行实践地寻根问源。当前福建省作为全国首个生态文明示范区，如何进行体制机制创新、推动生态优势转化为经济优势的经验启示和示范意义也需要梳理总结。研究福建生态文明建设的实践与经验有助于全面把握习近平生态文明思想的理论和实践意义，也有助于进一步推动福建省生态文明建设。本书通过梳理美丽中国的省域样本——福建生态文明建设的实践与经验，得出以下基本结论。

面对经济发展和环境保护的时代难题，福建历任干部从福建现实的经济发展和环境保护具体难题出发，以马克思人与自然的关系思想、党的环境保护思想、传统文化生态智慧为理论基础，在习近平生态文明思想在福建探索实践的基础上接续进行探索。作为地方干部的习近平在福建工作的十七年半时间结合各地具体人与自然矛盾，因地制宜地解决具体问题，又不断进行理论探索，提出首创性的生态理念。这些探索从农村到城市、从生活到生产、从田野到餐桌，内容极为丰富，既保护了当地的环境又推动了各地的经济发展；既为其生态文明思想形成奠定了理论和实践基础，也为福建省继续推进生态文明建设留下经验启示，福建省各地干部以此为思想指引和行动遵循继续推进生态文明建设，形成美丽中国的省域样本。一是海上花园厦门，厦门干部以习近平在厦门工作期间的探索实践为行动遵循，继续处理开发建设与环境保护之间的关系，不搞破坏式开发建设，走绿色发展之路；二是绿色山区宁德，宁德干部以习近平在宁德工作期间的探索实践为行动遵循，处理好贫困山区发展与自然资源开发之间的关系，以“森林是水库、钱库、粮库”等理念为思想指引，走生态扶贫之路；三是山水城市福州，福州干部以习近平在福州市委工作期间的实践探索为行动遵循，借助自然资源推进福州发展，建设生态城市、发展海上福州、建设山海城市；四是生态省福建，福建省干部以“青山绿水是无价之宝”的理念为思想指导，建设生态福建，生产生态产品、发展绿色经济。这些成果是福建人民和福建干部一任接着一任干的实践成效。福建人民按照习近平的决策部署，遵循他的思想指引，接续建设美丽福建。如厦门、宁德、福州等将生态文明理念融入新福建建设各方面和全过程，围绕“机制活、产业优、百姓富、生态美”的要求，纷纷创新推出更多可复制、可推广的生态文明建设经验，新福建建设已拉开帷幕并取得一定成效，成为各具特色的生态文明建设样本，海上花园厦门、绿色山区宁德、山水城市福州、生态省福建就是其中的典型。这些典型样本有其特有的经验启示，是习近平引领福建干部从马克思主义立场、观点、方法出发，在解决具体问题的基础上积累经验，在经验提炼、政策综合的基础上分析思考的结果，具体而言是在坚持现实问题与战略前瞻性、坚持理论指导和实践探索、坚持政策的普遍性与地方特殊性的结合中探索得来的。这使福建省生态文明建设成为美丽中国的省域样本。作为美丽中国的省域样本，福建生态文明建设不仅有着突出的实践效应，还有着重大的示范意义，有着鲜明的马克思主义理论特色，即坚持人民性、辩证性、实践性、发展性。福建省干部一直以来就坚持从人民根本利益出发、坚持协同推进经济发展和环境保护矛盾的解决、坚持从解决生态环境问题入手先行先试，并在实践中不断深化对生态的认识。在具体工作中他们从人民根本利益、长远利益出发，从人民中汲取智慧，依靠人民力量，以生态环境问题为导向，在推进生态治理、规划生态空间，推动生态产业发展、倡导生态文化的实践中，协同推进经济发展和环境保护矛盾的解决，科学认识经济发展和环境保护的辩证统一关系，以绿色生产为路径协调经济发展与环境保护的矛盾，以统筹兼顾的方法解决经济发展与环境保护的矛盾。这期间对生态系统、对具体自然要素、对生态在经济社会发展中的地位和作用的认识也不断深化。

总之，福建省生态文明建设以习近平生态文明思想在福建探索实践为思想指引和行动遵循，在解决经济发展和环境保护的矛盾中把福建建设成为美丽中国的省域样本。在福建工作十七年半期间，习近平从人民利益出发，以生态环境问题为导向，科学分析人与自然的关系，重新思考青山绿水的价值，应用山海辩证法推动环境治理和绿色产业协同发展；尊重自然规律，坚持生态优先部署产业发展，科学规划生态空间，倡导生态文化，在统筹推进经济发展和环境保护中探索可持续发展道路；在帮助人民增收致富中推动生态文明思想形成发展，为福建的生态文明建设提供了行动指南和根本遵循。虽然我们已经走在高质量发展道路上，但不平衡不充分的发展依然客观存在，工业化、城镇化、现代化仍未完成，在走向高质量发展中环境保护的使命仍任重而道远。人与自然和谐共生的现代化，“绿水青山就是金山银山”理念为我们走出西方的现代化道路、走向绿色的生态文明社会点明了方向和路径。习近平总书记说：“环境就是民生，青山就是美丽，蓝天也是幸福。”[1] 我们需要抛弃唯经济增长的发展思想，重新界定人与自然关系，实现发展观的绿色转向，围绕生产、消费、市场机制、财富创造、财富积累全面地树立低碳思维，将原来以物的累积为出发点和归宿点的发展观回归到人的全面发展。“十四五”期间是福建省生态文明建设的关键期，也是我国生态文明建设的关键期，还是我们有能力解决环境问题的重要窗口期，以求实现从消耗性到可持续性，从单向向自然要资源到双向协调和共生发展。2021 年 3 月，习近平总书记来闽考察时还指出：“要把碳达峰、碳中和纳入生态省建设布局，科学制定时间表、路线图，建设人与自然

---

[1] 习近平．推动我国生态文明建设迈上新台阶［J］．求是，2019（3）：12.

和谐共生的现代化。”[1] 如何在推动经济发展的同时减少碳排放量是一个难题，这些都需要学好习近平生态文明思想，并更进一步探究福建生态文明建设以此为思想指引和行动遵循所取得的实践效应和示范意义。

虽然习近平生态文明思想在福建的探索实践始于20世纪80年代，但其探索实践的经验和成果对于新时代社会主义生态文明建设有着重要的指导作用。福建生态文明建设紧紧抓住习近平生态文明思想的核心理念，采用其科学的思维方式，学习其处理环境保护和经济发展之间的矛盾的实践经验以处理好两者关系；在走向高质量发展中，聚焦高颜值自然生态、高品质群众生活，建设好美丽新福建，推进福建在先行先试中迈入生态文明新时代。

1992年《摆脱贫困》付梓前，习近平在“跋”中曾写道：“在这本书中，我只提供一份我在闽东实践、思考的记录，这对于闽东脱贫事业和其他事业之宏伟大厦或可成为一石一木，对于后来者或许也有些微意义——若留下探索，后人总结；若留下经验，后人咀嚼；若留下教训，后人借鉴；若留下失误，后人避免。”[2]《摆脱贫困》为后人留下经验，习近平生态文明思想在福建的探索实践，既为习近平生态文明思想形成提供了理论准备和实践基础，也为今天福建干部推进生态文明建设提供了实践基础、思想指引和行动遵循。今天我们仍然需要按照1990年习近平离任宁德时对宁德干部的叮嘱推进工作，即“马列主义是国际工人运动经验的总结，是在革命实践中形成又服务于革命实践的理论，是我们观察一切现象、处理一切问题的武器……作为一个共产党员，一个领导干部，如果不努力学习马列主义的理论和方法，如果不用马列主义指导自己的思想和行动，他要在革命斗争中坚持无产阶级的立场，增强无产阶级的思想意识，是不可能的”[3]。我们将继续学好用好马列主义，建设人与自然和谐共生的现代化福建。

---

[1] 新华网．习近平在福建考察时强调 在服务和融入新发展格局上展现更大作为 奋力谱写全面建设社会主义现代化国家福建篇章［EB/OL］．（2021－03－25）［2021－04－18］．http：//politics. people. com. cn/n1/2021/0325/c1024－32060789. html.

[2] 习近平．摆脱贫困［M］．福州：福建人民出版社，1992：214.

[3] 习近平．摆脱贫困［M］．福州：福建人民出版社，1992：211.

主要参考文献

一、马克思主义经典著作及重要文献

[1] 马克思，恩格斯. 马克思恩格斯全集（第一卷）[M]. 中共中央马克思恩格斯列宁斯大林著作编译局，译. 北京：人民出版社，1956.
[2] 马克思，恩格斯. 马克思恩格斯全集（第二卷）[M]. 中共中央马克思恩格斯列宁斯大林著作编译局，译. 北京：人民出版社，1957.
[3] 马克思，恩格斯. 马克思恩格斯全集（第三卷）[M]. 中共中央马克思恩格斯列宁斯大林著作编译局，译. 北京：人民出版社，1960.
[4] 马克思，恩格斯. 马克思恩格斯全集（第二十卷）[M]. 中共中央马克思恩格斯列宁斯大林著作编译局，译. 北京：人民出版社，1971.
[5] 马克思，恩格斯. 马克思恩格斯全集（第四十七卷上）[M]. 中共中央马克思恩格斯列宁斯大林著作编译局，译. 北京：人民出版社，1979.
[6] 马克思，恩格斯. 马克思恩格斯文集 [M]. 中共中央马克思恩格斯列宁斯大林著作编译局，译. 北京：人民出版社，2009.
[7] 列宁. 列宁全集（第三十八卷）[M]. 中共中央马克思恩格斯列宁斯大林著作编译局，译. 北京：人民出版社，1986.
[8] 列宁. 列宁选集（第二卷）[M]. 中共中央马克思恩格斯列宁斯大林著作编译局，译. 北京：人民出版社，1995.
[9] 毛泽东. 毛泽东选集 [M]. 北京：人民出版社，1991.
[10] 毛泽东. 毛泽东文集 [M]. 北京：人民出版社，1999.
[11] 中共中央文献研究室. 周恩来年谱（1949—1976）（下卷）[M]. 北京：中央文献出版社，1997.
[12] 邓小平. 邓小平文选 [M]. 北京：人民出版社，2013.
[13] 江泽民. 江泽民文选 [M]. 北京：人民出版社，2006.
[14] 中共中央宣传部. 科学发展观学习读本 [M]. 北京：人民出版社，2005.

[15] 国家环境保护总局，中共中央文献研究室. 新时期环境保护重要文献选编 [M]. 北京：中央文献出版社，中国环境科学出版社，2001.

[16] 习近平. 习近平关于社会主义生态文明建设论述摘编 [M]. 北京：中央文献出版社，2017.

[17] 习近平. 习近平谈治国理政（第一卷）[M]. 北京：外文出版社，2014.

[18] 习近平. 习近平谈治国理政（第二卷）[M]. 北京：外文出版社，2017.

[19] 习近平. 习近平谈治国理政（第三卷）[M]. 北京：外文出版社，2020.

[20] 中共中央宣传部. 习近平总书记系列重要讲话读本 [M]. 北京：学习出版社，人民出版社，2016.

[21] 习近平. 摆脱贫困 [M]. 福州：福建人民出版社，1992.

[22] 习近平. 之江新语 [M]. 杭州：浙江人民出版社，2007.

[23] 习近平. 知之深 爱之切 [M]. 石家庄：河北人民出版社，2015.

[24] 习近平. 干在实处 走在前列——推进浙江新发展的思考与实践 [M]. 北京：中共中央党校出版社，2013.

[25] 习近平. 在哲学社会科学工作座谈会上的讲话 [M]. 北京：人民出版社，2016.

[26] 习近平. 决胜全面建成小康社会 夺取新时代中国特色社会主义伟大胜利——在中国共产党第十九次全国代表大会上的报告 [M]. 北京：人民出版社，2017.

[27] 习近平. 在庆祝中国共产党成立 100 周年大会上的讲话 [M]. 北京：人民出版社，2021.

[28] 习近平. 福州市 20 年经济社会发展战略设想 [M]. 福州：福建美术出版社，1993.

[29]《厦门经济社会发展战略》编委会. 1985 年—2000 年厦门经济社会发展战略 [M]. 厦门：鹭江出版社，1989.

[30] 中共中央文献研究室. 习近平关于社会主义生态文明建设论述摘编 [M]. 北京：中央文献出版社，2017.

[31] 中央党校采访实录编辑室. 习近平的七年知青岁月 [M]. 北京：中共中央党校出版社，2017.

[32] 中央党校采访实录编辑室. 习近平在厦门 [M]. 北京：中共中央党校出版社，2020.

[33] 中央党校采访实录编辑室. 习近平在宁德 [M]. 北京：中共中央党校出版社，2020.

[34] 中央党校采访实录编辑室. 习近平在福州 [M]. 北京：中共中央党校出版社，2020.

[35] 中央党校采访实录编辑室. 习近平在福建 [M]. 北京：中共中央党校出版社，2021.

[36] 习近平. 论坚持人与自然和谐共生 [M]. 北京：中央文献出版社，2022.

二、中外著作

[1] 顾海良. 20 世纪马克思主义发展史（第一卷）：20 世纪马克思主义发展史概论 [M]. 北京：中国人民大学出版社，2009.
[2] 陈征.《资本论》解说：全三卷 [M]. 福州：福建人民出版社，2017.
[3] 李建平.《资本论》第一卷辩证法探索（第三版）[M]. 福州：福建人民出版社，2017.
[4] 李建平，李闽榕，王金南. 环境竞争力绿皮书：中国省域环境竞争力发展报告（2009—2010）[M]. 北京：社会科学文献出版社，2011.
[5] 陈永森，蔡华杰. 人的解放和自然的解放——生态社会主义研究 [M]. 北京：学习出版社，2015.
[6] 蔡华杰. 走出传统节约观的迷思——基于社会主义生态文明视角的研究 [M]. 北京：人民出版社，2018.
[7] 钱俊生，余谋昌. 生态哲学 [M]. 北京：中共中央党校出版社，2004.
[8] 陈学明. 生态文明论 [M]. 重庆：重庆出版社，2008.
[9] 郇庆治. 生态文明建设试点示范区实践的哲学研究 [M]. 北京：中国林业出版社，2019.
[10] 张云飞. 唯物史观视野中的生态文明 [M]. 北京：中国人民大学出版社，2014.
[11] 张云飞，李娜. 开创社会主义生态文明新时代 [M]. 北京：中国人民大学出版社，2017.
[12] 李捷. 学习习近平生态文明思想问答 [M]. 杭州：浙江人民出版社，2019.
[13] 曾文婷. 生态学马克思主义研究 [M]. 重庆：重庆出版社，2008.
[14] 李军，等. 走向生态文明新时代的科学指南——学习习近平同志生态文明建设重要论述 [M]. 北京：中国人民大学出版社，2015.
[15] 王雨辰. 生态学马克思主义与生态文明研究 [M]. 北京：人民出版社，2015.
[16] 王雨辰. 生态批判与绿色乌托邦——生态学马克思主义理论研究 [M]. 北京：人民出版社，2009.
[17] 沈满洪. 生态经济学 [M]. 北京：中国环境科学出版社，2008.
[18] 秦书生. 社会主义生态文明建设研究 [M]. 沈阳：东北大学出版社，2015.

[19] 刘国新，宋华忠，高国卫. 美丽中国：中国生态文明建设政策解读 [M]. 天津：天津人民出版社，2014.
[20] 姚燕. 生态马克思主义和历史唯物主义——对九十年代以来生态马克思主义的思考 [M]. 北京：光明日报出版社，2010.
[21] 刘增惠. 马克思主义生态思想及实践研究 [M]. 北京：北京师范大学出版社，2010.
[22] 刘思华. 生态马克思主义经济学原理 [M]. 北京：人民出版社，2006.
[23] 刘湘溶. 生态文明论 [M]. 长沙：湖南教育出版社，1999.
[24] 廖福霖，等. 生态文明学 [M]. 北京：中国林业出版社，2012.
[25] 余谋昌. 环境哲学：生态文明的理论基础 [M]. 北京：中国环境科学出版社，2010.
[26] 郇庆治. 生态文明建设十讲 [M]. 北京：商务印书馆，2014.
[27] 卢风，等. 生态文明新论 [M]. 北京：中国科学技术出版社，2013.
[28] 卢风. 非物质经济、文化与生态文明 [M]. 北京：中国社会科学出版社，2016.
[29] 方世南. 马克思恩格斯的生态文明思想——基于《马克思恩格斯文集》的研究 [M]. 北京：人民出版社，2018.
[30] 方世南. 马克思环境思想与环境友好型社会研究 [M]. 上海：上海三联书店，2014.
[31] 王明初，杨英姿. 社会主义生态文明建设的理论与实践 [M]. 北京：人民出版社，2011.
[32] 洪大用，马国栋. 生态现代化与文明转型 [M]. 北京：中国人民大学出版社，2014.
[33] 靳利华. 生态文明视域下的制度路径研究 [M]. 北京：社会科学出版社，2014.
[34] 黄承梁. 新时代生态文明建设思想概论 [M]. 北京：人民出版社，2018.
[35] 刘本炬. 论实践生态主义 [M]. 北京：中国社会科学出版社，2007.
[36] 王艳. 生态文明——马克思主义生态观研究 [M]. 南京：南京大学出版社，2015.
[37] 杜月娥，杨英姿. 生态文明与生态现代化建设模式研究 [M]. 北京：人民出版社，2013.
[38] 姬振海. 生态文明论 [M]. 北京：人民出版社，2007.
[39] 张文台. 生态文明十论 [M]. 北京：中国环境科学出版社，2012.
[40] 吴凤章. 生态文明构建：理论与实践 [M]. 北京：中央编译出版社，2008.
[41] 贾卫列，杨永岗，朱明双，等. 生态文明建设概论 [M]. 北京：中央编译出版社，2013.

[42] 刘思华. 刘思华可持续经济文集 [M]. 北京：中国财政经济出版社，2007.
[43] 任铃，张云飞. 改革开放40年的中国生态文明建设 [M]. 北京：中共党史出版社，2018.
[44] 秦书生. 中国共产党生态文明思想的历史演进 [M]. 北京：中国社会科学出版社，2019.
[45] 陈红兵，唐长华. 生态文化与范式转型 [M]. 北京：人民出版社，2013.
[46] 曾从盛. 福建省生态环境现状调查报告 [M]. 北京：中国环境社会科学出版社，2003.
[47] 林默彪. 美丽中国的县域样本——福建长汀生态文明建设的实践与经验 [M]. 北京：社会科学文献出版社，2017.
[48] 谢海生. 生态文明的探索与厦门生态建设的实践 [M]. 北京：人民出版社，2014.
[49] 李世东，陈章良，马凡强，等. 新中国生态演变60年 [M]. 北京：科学出版社，2010.
[50] 中共中央组织部. 贯彻落实习近平新时代中国特色社会主义思想、在改革发展稳定中攻坚克难案例——生态文明建设 [M]. 北京：党建读物出版社，2019.
[51] 马新岚. 福建生态司法 [M]. 北京：法律出版社，2015.
[52] 曹文志，朱鹤健. 福建省农业生态系统的特性与调控 [M]. 北京：中国农业出版社，2000.
[53] 刘金龙，李建民，龙贺兴，等. 从生态建设走向生态文明——人文社会视角下的福建长汀经验. 可持续经济文集 [M]. 北京：中国社会科学出版社，2015.
[54] 李良. 绿色笔耕 [M]. 福州：海峡书局，2010.
[55] 本书编写组. 闽山闽水物华新——习近平福建足迹（上下册）[M]. 福州：福建人民出版社；北京：人民出版社，2022.
[56] 德内拉·梅多斯，乔根·兰德斯，丹尼斯·梅多斯. 增长的极限 [M]. 李涛，王智勇，译. 北京：机械工业出版社，2013.
[57] 霍尔姆斯·罗尔斯顿Ⅲ. 哲学走向荒野 [M]. 刘耳，叶平，译. 长春：吉林人民出版社，2000.
[58] 戴维·佩珀. 现代环境主义导论 [M]. 宋玉波，朱丹琼，译. 上海：格致出版社，2011.
[59] 约翰·贝拉米·福斯特. 马克思的生态学——唯物主义与自然 [M]. 刘仁胜，肖峰，

译. 北京：高等教育出版社，2006.
[60] 约翰·贝拉米·福斯特. 生态危机与资本主义 [M]. 耿建新，宋兴无，译. 上海：上海译文出版社，2006.
[61] 戴维·佩珀. 生态社会主义：从深生态学到社会正义 [M]. 刘颖，译. 济南：山东大学出版社，2012.
[62] 岩佐茂. 环境的思想——环境保护与马克思主义的结合处 [M]. 韩立新，等译. 北京：中央编译出版社，1997.
[63] 萨拉·萨卡. 生态社会主义还是生态资本主义 [M]. 张淑兰，译. 济南：山东大学出版社，2008.
[64] 乔纳森·休斯. 生态与历史唯物主义 [M]. 张晓琼，侯晓滨，译. 南京：江苏人民出版社，2011.
[65] 詹姆斯·奥康纳. 自然的理由——生态学马克思主义研究 [M]. 唐正东，臧佩洪，译. 南京：南京大学出版社，2003.
[66] 世界环境与发展委员会. 我们共同的未来 [M]. 王之佳，柯金良，等译. 长春：吉林人民出版社，1997.
[67] 威廉·莱斯. 自然的控制 [M]. 岳长岭，李建华，译. 重庆：重庆出版社，1993.
[68] 本·阿格尔. 西方马克思主义概论 [M]. 慎之，等译. 北京：中国人民大学出版社，1991.
[69] 约翰·德赖泽克. 地球政治学：环境话语 [M]. 蔺雪春，郭晨星，译. 济南：山东大学出版社，2008.
[70] A. 施密特. 马克思的自然概念 [M]. 欧力同，吴仲昉，译. 北京：商务印书馆，1988.
[71] 巴里·康芒纳. 封闭的循环——自然、人和技术 [M]. 侯文蕙，译. 长春：吉林人民出版社，1997.
[72] E. F. 舒马赫. 小的是美好的 [M]. 李华夏，译. 南京：译林出版社，2007.
[73] 艾伦·杜宁. 多少算够——消费社会与地球的未来 [M]. 毕聿，译. 长春：吉林人民出版社，1997.
[74] 赫伯特·马尔库塞. 单向度的人：发达工业社会意识形态研究 [M]. 刘继，译. 上海：上海译文出版社，2008.

[75] 马克斯·霍克海默，西奥多·阿道尔诺. 启蒙辩证法 [M]. 渠敬东，曹卫东，译. 上海：上海人民出版社，2006.

[76] 唐纳德·沃斯特. 自然的经济体系：生态思想史 [M]. 侯文蕙，译. 北京：商务印书馆，1999.

[77] 丹尼尔·A. 科尔曼. 生态政治——建设一个绿色社会 [M]. 梅俊杰，译. 上海：上海译文出版社，2006.

[78] 莱斯特·R. 布朗. B 模式 2.0：拯救地球，延续文明 [M]. 林自新，暴永宁，译. 北京：东方出版社，2006.

[79] 阿尔温·托夫勒，海蒂·托夫勒. 创造一个新的文明：第三次浪潮的政治 [M]. 陈峰，译. 上海：生活·读书·新知上海三联书店，1996.

三、期刊、报纸

[1] 习近平. 因地制宜发挥优势走自己发展的路子 [J]. 领导科学，1992 (3).

[2] 习近平. 福州经济发展与结构调整 [J]. 发展研究，1995：(7).

[3] 习近平. 写在第五个全国土地日到来之际 [J]. 中国土地，1995 (6).

[4] 习近平. 突出重点 把握关键 努力提升福建经济综合竞争力 [J]. 发展经济，2000 (5).

[5] 习近平. 福建省产业结构调整优化研究 [J]. 管理世界，2001 (5).

[6] 习近平. 加快福建城市化建设的若干思考 [J]. 中国软科学，2001 (11).

[7] 习近平. 实施分类经营 建设生态强省 [N]. 福建日报，2002-05-14 (8).

[8] 习近平. 正确把握发展大势，加快福建经济发展 [J]. 中共福建省委党校学报，2002 (5).

[9] 习近平. 依法行政 保护耕地 [N]. 福建日报，2000-06-25 (1).

[10] 习近平. 加快建设“三条战略通道”推动福建经济实现新跨越 [N]. 福建日报，2002-09-02 (1).

[11] 习近平.《福州古厝》序 [N]. 福建日报，2002-05-24 (10).

[12] 习近平. 在黄河流域生态保护和高质量发展座谈会上的讲话 [J]. 求是，2019 (20).

[13] 习近平. 学习马克思主义基本理论是共产党人的必修课 [J]. 社会主义论坛，2019 (12).

[14] 习近平. 辩证唯物主义是中国共产党人的世界观和方法论 [J]. 思想政治工作研究，2019 (2).

[15] 习近平. 深入理解新发展理念 [J]. 社会主义论坛，2019 (6).

[16] 习近平. 共谋绿色生活，共建美丽家园——在二〇一九年中国北京世界园艺博览会开幕式上的讲话 [N]. 人民日报，2019-04-29 (2).
[17] 习近平. 继往开来，开启全球应对气候变化新征程——在气候雄心大会上的讲话 [N]. 人民日报，2020-12-13 (2).
[18] 习近平. 推动我国生态文明建设迈上新台阶 [J]. 求是，2019 (3).
[19] 习近平. 共同构建人与自然生命共同体——在“领导人气候峰会”上的讲话 [J]. 环境科学与管理，2021 (5).
[20] 习近平. 在纪念马克思诞辰二百周年大会上的讲话 [N]. 人民日报，2018-05-05 (2).
[21] 王雨辰. 论习近平生态文明思想的理论特质及其当代价值 [J]. 福建师范大学学报 (哲学社会科学版)，2019 (6).
[22] 王雨辰，汪希贤. 论习近平生态文明思想的内在逻辑及当代价值 [J]. 长白学刊，2018 (6).
[23] 王雨辰. 论习近平生态文明思想对人类生态文明思想的革命 [J]. 马克思主义理论学科研究，2022 (3).
[24] 郇庆治. 作为一种转型政治的“社会主义生态文明” [J]. 马克思主义与现实，2019 (2).
[25] 郇庆治，张云飞，李娟，等. 马克思主义生态学和人与自然和谐共生的现代化笔谈 [J]. 福建师范大学学报 (哲学社会科学版)，2021 (6).
[26] 郇庆治. 习近平生态文明思想的体系样态、核心概念和基本命题 [J]. 学术月刊，2021 (9).
[27] 郇庆治. 生态文明及其建设理论的十大基础范畴 [J]. 中国特色社会主义研究，2018 (4).
[28] 郇庆治，陈艺文. 生态文明建设视域下的当代中国生态扶贫进路 [J]. 福建师范大学学报 (哲学社会科学版)，2021 (4).
[29] 郇庆治. “十四五”时期生态文明建设的新使命 [J]. 人民论坛，2020 (31).
[30] 张云飞. “绿水青山就是金山银山”的丰富内涵和实践途径 [J]. 前线，2018 (4).
[31] 张云飞，曲一歌. 建设人与自然和谐共生现建设人与自然和谐共生现代化的系统抉择 [J]. 西南大学学报 (社会科学版)，2021 (6).
[32] 张云飞. 我国生态反贫困的探索和经验 [J]. 城市与环境研究，2021 (2).

[33] 张云飞，李娜. 习近平生态文明思想的系统方法论要求——坚持全方位全地域全过程开展生态文明建设［J］. 中国人民大学学报，2022（1）.

[34] 陈永森. 罪魁祸首还是必经之路？——工业文明对生态文明的作用［J］. 福建师范大学学报（哲学社会科学版），2021（4）.

[35] 方世南. 习近平生态文明思想中的海洋生态文明观研究［J］. 江苏海洋大学学报（人文社会科学版），2020（1）.

[36] 周光迅，郑玥. 从建设生态浙江到建设美丽中国——习近平生态文明思想的发展历程及启示［J］. 自然辩证法研究，2017（7）.

[37] 周光迅，胡倩. 从人类文明发展的宏阔视野审视生态文明——习近平对马克思主义生态哲学思想的继承与发展论略［J］. 自然辩证法研究，2015（4）.

[38] 王越芬，张世昌. 从文化到文明：习近平生态文明思想演进探赜［J］. 中华文化论坛，2017（4）.

[39] 王越芬，张世昌，孙健. 习近平生态思想演进论析［J］. 中南林业科技大学学报（社会科学版），2016（6）.

[40] 沈满洪. 习近平生态文明思想的萌发与升华［J］. 中国人口·资源与环境，2018（9）.

[41] 俞海，刘越，王勇，等. 习近平生态文明思想：发展历程、内涵实质与重大意义［J］. 环境与可持续发展，2018（4）.

[42] 李德栓. 习近平生态文明思想的整体性理解［J］. 山西高等学校社会科学学报，2018（5）.

[43] 阮朝辉. 习近平生态文明建设思想发展的历程［J］. 前沿，2015（2）.

[44] 郑振宇. 习近平生态文明思想发展历程及演进逻辑［J］. 中南林业科技大学学报（社会科学版），2021（2）.

[45] 刘经纬，吕莉媛. 习近平生态文明思想演进及其规律探析［J］. 行政论坛，2018（2）.

[46] 杜昌建. 习近平生态文明思想研究述评［J］. 北京交通大学学报（社会科学版），2018（1）.

[47] 黄承梁. 论习近平生态文明思想对马克思主义生态文明学说的历史性贡献［J］. 西北师大学报（社会科学版），2018（5）.

[48] 黄承梁. 习近平新时代生态文明建设思想的核心价值［J］. 行政管理改革，2018（2）.

[49] 黄承梁. 走进社会主义生态文明新时代［J］. 红旗文稿，2018（3）.

[50] 黄承梁. 论习近平生态文明思想历史自然的形成和发展 [J]. 中国人口·资源与环境，2019 (12).
[51] 黄承梁，黄茂兴. 论福建是习近平生态文明思想重要的孕育地与发源地 [J]. 东南学术，2021 (6).
[52] 胡熠，黎元生. 习近平生态文明思想在福建的孕育与实践 [N]. 学习时报，2019-01-09 (1).
[53] 黄茂兴，叶琪. 生态文明制度创新与美丽中国的福建实践 [J]. 福建师范大学学报（哲学社会科学版），2020 (3).
[54] 肖贵清，武传鹏. 国家治理视域中的生态文明制度建设——论十八大以来习近平生态文明制度建设思想 [J]. 东岳论丛，2017 (7).
[55] 秦书生，张海波. 习近平生态文明建设思想的辩证法阐释 [J]. 学术论坛，2016 (12).
[56] 秦书生，吕锦芳. 习近平新时代中国特色社会主义生态文明思想的逻辑阐释 [J]. 理论学刊，2018 (3).
[57] 秦书生，胡楠. 习近平美丽中国建设思想及其重要意义 [J]. 东北大学学报（社会科学版），2016 (6).
[58] 李全喜. 习近平生态文明建设思想中的思维方法探析 [J]. 高校马克思主义理论研究，2016 (4).
[59] 陈俊. 机理·思维·特点：习近平生态文明思想的三维审视 [J]. 天津行政学院学报，2017 (1).
[60] 蔡华杰，陈小捷. 社会主义生态文明理论的政治经济学基础：何以必要与可能 [J]. 当代经济研究，2021 (1).
[61] 蔡华杰. 政府主导，能更好保障环境正义 [J]. 中国生态文明，2019 (6).
[62] 周杨. 党的十八大以来习近平生态文明思想研究述评 [J]. 毛泽东邓小平理论研究，2018 (12).
[63] 张波. 习近平生态文明思想的内在逻辑 [J]. 高校马克思主义理论研究，2019 (1).
[64] 李干杰. 深入贯彻习近平生态文明思想 以生态环境保护优异成绩迎接新中国成立70周年——在2019年全国生态环境保护工作会议上的讲话 [J]. 环境保护，2019 (3).
[65] 李月月，黄义雄，杨阳，等. 福建省长汀县土地利用变化及其对生态风险的影响 [J]. 生态科学，2018 (6).

[66] 吴舜泽，黄德生，刘智超，等. 中国环境保护与经济发展关系的40年演变 [J]. 环境保护，2018 (20).

[67] 彭曼丽，许烨. 浅析习近平生态文明思想研究的五个主要问题——以2017年度相关文献为例 [J]. 改革与开放，2018 (17).

[68] 吴舜泽. 做实"一个贯通"和"五个打通"推进国家生态环境治理体系和治理能力现代化 [N]. 中国环境报，2018-09-12 (1).

[69] 刘越. 深入理解习近平生态文明思想的渊源与突破 [N]. 中国环境报，2018-06-18 (3).

[70] 俞海，刘越，王勇，等. 习近平生态文明思想：内涵实质、体系特征与时代意义 [N]. 中国环境报，2018-06-15 (3).

[71] 黄润秋. 深入学习领会习近平总书记重要指示精神 努力走向社会主义生态文明新时代 [N]. 中国环境报，2017-01-04 (3).

[72] 阮晓菁，郑兴明. 论习近平生态文明思想的五个维度 [J]. 思想理论教育导刊，2016 (11).

[73] 周晓敏，杨先农. 绿色发展理念：习近平对马克思生态思想的丰富与发展 [J]. 理论与改革，2016 (5).

[74] 李学林，黄明. 习近平生态文明建设思想的辩证思维探析 [J]. 湖南社会科学，2016 (4).

[75] 魏澄荣. 使八闽大地更加山清水秀：习近平生态文明建设思想试析 [J]. 福建论坛（人文社会科学版），2015 (2).

[76] 默里·阿伦，李义天. 马克思主义与创造环境可持续文明 [J]. 马克思主义与现实，2007 (5).

[77] 荣开明. 努力走向社会主义生态文明新时代——略论习近平推进生态文明建设的新论述 [J]. 学习论坛，2017 (1).

[78] 罗斯·特里尔. 绿水青山就是金山银山——《习近平复兴中国》连载 [N] 学习时报，2016-10-31 (3).

[79] 关朋. "和合"思想与习近平全球生态观——以习近平应对全球气候变化思想为主 [J]. 学术探索，2017 (9).

[80] 陈文斌，郭岩. 论习近平生态文明建设理论的五个辩证统一 [J]. 学习与探索，

2017 (6).

[81] 毛胜. “绿水青山就是金山银山”——学习习近平关于经济发展与环境保护的重要论述 [J]. 邓小平研究，2017 (3).

[82] 张旭东，赵超，涂洪长，等. 三明答卷——习近平新时代中国特色社会主义思想福建三明践行记 [J]. 决策探索，2021 (3).

[83] 林秒，陈丽琴. 习近平新时代中国特色社会主义思想在福建三明溯源 [J]. 中共云南省委党校学报，2020 (4).

[84] 涂大杭. 习近平在闽工作期间对三明重要指示精神研究 [J]. 福建省社会主义学院学报，2018 (2).

[85] 治国理政研究创新团队·贺东航教授课题组. 习近平在闽期间区域发展理念与实践 [J]. 江汉大学学报（社会科学版），2019 (4).

[86] 厦门理工学院课题组. 福建生态优势转化为经济发展优势战略研究报告 [J]. 发展研究，2018 (3).

[87] 刘亢，刘诗平. 从福建木兰溪治理纪实看“人水和谐”的生动实践 [J]. 协商论坛，2018 (10).

[88] 周宏春. “两山理论”与福建生态文明试验区建设 [J]. 发展研究，2017 (6).

[89] 封泉明，林世芳.《摆脱贫困》中的闽东绿色发展思想研究 [J]. 宁德师范学院学报（哲学社会科学版），2020 (2).

[90] 刘雅芳. 生态文明建设是否抑制了碳排放？——来自福建生态文明先行示范区建设的经验证据 [J]. 中南林业科技大学学报（社会科学版），2021 (3).

[91] 孙杨杰. 生态扶贫与乡村振兴有效衔接的福建探索 [J]. 发展研究，2021 (9).

[92] 肖文桂. 习近平总书记关于建设“海上福州”的战略、实践及启示 [J]. 福州党校学报，2018 (1).

[93] 北京大学马克思主义学院调研组. 新型工业化、城镇化与生态文明建设——以福建省三明市为例 [J]. 环境教育，2013 (12).

[94] 阮诗玮. 发挥生态优势，打造绿色新福建——在“人文·生态·发展”研讨会上的讲话 [J]. 福建省社会主义学院学报，2019 (6).

[95] 张文明. 完善生态产品价值实现机制——基于福建森林生态银行的调研 [J]. 宏观经济管理，2020 (3).

[96] 陈云. 生态文明视野下城市慢行交通建设的思考——以福州市为例 [J]. 城市学刊, 2019 (7).

[97] 刘磊, 刘毅, 颜珂, 等. 风展红旗如画——全面贯彻新发展理念的三明探索与实践（上）[N]. 人民日报, 2020-12-16 (4).

[98] 高建进. 福州: 绿色治理创造生态之美 [N]. 光明日报, 2020-04-27 (1).

[99] 薛志伟. 厦门同安军营村高海拔村美丽蝶变 [N]. 经济日报, 2019-12-19 (13).

[100] 新华网. "这里的山山水水、一草一木, 我深有感情"——记"十四五"开局之际习近平总书记赴福建考察调研 [EB/OL]. (2021-03-27) [2021-03-28]. http://www.xinhuanet.com/politics/leaders/2021-03/27/c_1127261096.htm.

[101] 央视网. 从习近平福建五件"生态往事"探寻绿色发展密码 [EB/OL]. (2021-03-23) [2021-04-01]. https://news.cctv.com/2021/03/23/ARTIpwFbuuVXJvWe03IPKibA210323.shtm.

[102] 赵永平, 颜珂, 王浩. 筼筜湖治理的生态文明实践 [N]. 人民日报, 2021-06-05 (3).

[103] 康淼, 董建国, 付敏等. 鹭江潮奔涌 沧海放长歌: 厦门经济特区建设四十周年发展纪实 [N]. 新华每日电讯, 2021-12-20 (8).

[104] 安黎哲, 林震, 张志强, 等. 长汀经验, "生态兴则文明兴"的生动诠释 [N]. 光明日报, 2021-12-18 (9).

[105] 赵建军. 建设人与自然和谐共生的现代化 [N]. 解放军报, 2020-12-25 (7).

[106] 陈伟, 王骥. 福建南平乡村生态发展越来越红火 [N]. 中国环境报, 2021-11-30 (4).

[107] 陈旻. 生态福建 美丽样本 [N]. 福建日报, 2021-11-17 (3).

[108] 本报记者. 生态优先, 打造清新福建亮丽名片 [N]. 福建日报, 2021-11-07 (2).

[109] 刘建波. 福建: 绿水青山生态扶贫路 [J]. 绿色中国, 2021 (2).

[110] 庄世坚. 厦门: 习近平生态文明思想的发祥地 [J]. 厦门特区党校学报, 2019 (3).

[111] 丁南. 高山两村的"山上戴帽 山下开发"新实践 [N]. 中国改革报, 2021-01-18 (1).

[112] 戴艳梅, 储白珊, 谢婷. 开放发展 风起帆张——习近平总书记在福建的探索与实践·开放篇 [J]. 福建党史月刊, 2017-10-15.

[113] 郇庆治. 论习近平生态文明思想的形成与发展 [J]. 鄱阳湖学刊, 2022 (4).

[114] 熊玠. 领导中国的究竟是怎样一个人——《习近平时代》连载［N］. 学习时报，2016-04-18（3）.

[115] 小约翰·柯布，董慧. 论生态文明的形式［J］. 马克思主义与现实，2009（1）.

四、学位论文

[1] 李艳芳. 习近平生态文明建设思想研究［D］. 大连：大连海事大学，2018.

[2] 马德帅. 习近平新时代生态文明建设思想研究［D］. 长春：吉林大学，2019.

[3] 刘涵. 习近平生态文明思想研究［D］. 长沙：湖南师范大学，2019.

[4] 张子玉. 中国特色社会主义生态文明建设思想实践研究［D］. 长春：吉林大学，2016.

[5] 潘文岚. 中国特色社会主义生态文明研究［D］. 上海：上海师范大学，2015.

[6] 王永芹. 当代中国绿色发展观研究［D］. 武汉：武汉大学，2014.

[7] 燕芳敏. 中国现代化进程中的生态文明建设研究［D］. 北京：中共中央党校，2015.

[8] 汪希. 中国特色社会主义生态文明建设的实践研究［D］. 成都：电子科技大学，2016.

[9] 张成利. 中国特色社会主义生态文明观研究［D］. 北京：中共中央党校，2019.

[10] 张闫. 国家治理体系视域下习近平生态治理思想研究［D］. 徐州：江苏师范大学，2017.

[11] 何爱平. 新时代中国特色绿色发展的经济机理、效率评价与路径选择研究［D］. 西安：西北大学，2018.

[12] 陆波. 当代中国绿色发展理念研究［D］. 苏州：苏州大学，2017.

[13] 郝栋. 绿色发展道路的哲学探析［D］. 北京：中共中央党校，2012.

[14] 孙毅. 资源型区域绿色转型的理论与实践研究［D］. 长春：东北师范大学，2012.

[15] 李迦霖. 习近平新时代生态文明建设思想研究［D］. 长春：吉林大学，2019.

五、外文期刊

[1] Liu C, Chen L. et al. A Chinese Route to Sustainability: Postsocialist Transitions and the Construction of Ecological Civilization［J］. Sustainable Development, 2018, 26（6）: 5.

[2] Fernando D S. Consumer Behavior and Sustainable Development in China: The Role of Be-

havioral Sciences in Environmental Policy - making [J]. Sustainability, 2016 (8): 10.

[3] Jessica I. Is Green the New Red: Cultural Perspectives on Ecological Civilization [J]. The European Institute for Chinese Studies, 2020, 10 (5): 3.

[4] Liu C, Chen L. et al. A Chinese Route to Sustainability: Postsocialist Transitions and the Construction of Ecological Civilization [J]. Sustainable Development, 2018, 26 (6): 8.

[5] Sam G, Adrian E. Narratives and Pathways towards an Ecological Civilization in Contemporary China [J]. The China Quarterly, 2018, 236 (11): 10.

[6] Chen G. Xi Jinping Starts His Second Term with Prospect of Ruling for Life [J]. East Asian Policy, 2018 (10): 14.

[7] Genia K, Zhang, C., M. Tightening the Grip: Environmental Governance under Xi Jinping [J]. Environmental Politics, 2018, 27 (5): 771.

[8] Paul A B. The Role of Law and the Rule of Law in China's Quest to Build an Ecological Civilization [J]. Chinese Journal of Environmental Law, 2017 (1): 31.

[9] John B. F. The Earth - system Crisis and Ecological Civilization: A Marxian View [J]. International Critical Thought, 2017, 7 (4): 451.

[10] Anthony S. What Does General Secretary Xi Jinping Dream About? [J]. Faculty Research Working Paper Series, 2017, Aug: 13.

[11] Jessica Imbach. Is Green the New Red: Cultural Perspectives on Ecological Civilization [J]. The European Institute for Chinese Studies, 2020, Oct: 2.

[12] Arthur H. Ecological Civilization in the People's Republic of China: Values, Action, and Future Needs [J]. ADB East Asia Working Paper Series, 2019 (21): 1.